建筑垃圾及工业固废资源化利用丛书

建筑垃圾及工业固废筑路材料

总 主 编　卢洪波　张海淼　廖清泉
本册主编　杜晓蒙

中国建材工业出版社

图书在版编目（CIP）数据

建筑垃圾及工业固废筑路材料/杜晓蒙主编．--北京：中国建材工业出版社，2019.11
（建筑垃圾及工业固废资源化利用丛书/卢洪波，张海淼，廖清泉主编）
ISBN 978-7-5160-2723-3

Ⅰ.①建… Ⅱ.①杜… Ⅲ.①建筑垃圾－固体废物利用 ②工业固体废物－筑路材料－固体废物利用 Ⅳ.①X799.1 ②X705

中国版本图书馆 CIP 数据核字（2019）第 253046 号

建筑垃圾及工业固废筑路材料
Jianzhu Laji Ji Gongye Gufei Zhulu Cailiao

总　主　编　卢洪波　张海淼　廖清泉
本册主编　杜晓蒙

出版发行：中国建材工业出版社
地　　址：北京市海淀区三里河路1号
邮　　编：100044
经　　销：全国各地新华书店
印　　刷：北京雁林吉兆印刷有限公司
开　　本：787mm×1092mm　1/16
印　　张：12.5
字　　数：260千字
版　　次：2019年11月第1版
印　　次：2019年11月第1次
定　　价：78.00元

本社网址：www.jccbs.com，微信公众号：zgjcgycbs
请选用正版图书，采购、销售盗版图书属违法行为
版权专有，盗版必究。本社法律顾问：北京天驰君泰律师事务所，张杰律师
举报信箱：zhangjie@tiantailaw.com　举报电话：（010）68343948
本书如有印装质量问题，由我社市场营销部负责调换，联系电话：（010）88386906

建筑垃圾及工业固废资源化利用丛书编委会

主　　任　杨朝飞（中华环保联合会副主席、生态环境部原总工程师）

副 主 任　王　群（河南省人大环境与资源保护委员会原主任）

　　　　　　冯建勋（河南省人大环境与资源保护委员会副巡视员）

　　　　　　尹伯悦（中华人民共和国住房和城乡建设部教授级高工）

　　　　　　马书勇（河南省生态环境厅副巡视员）

　　　　　　王争亚（河南省环保联合会会长）

　　　　　　解　伟（华北水利水电大学原副校长）

　　　　　　郭春霞（河南省固体废物管理中心主任）

　　　　　　翟　滨（中国环保产业研究院常务副院长）

　　　　　　侯建群（清华大学建筑设计研究院副院长）

　　　　　　蒋立群（美国哈斯科集团来亚太区总裁）

　　　　　　康智明（中国电建集团西北勘测设计研究院副总工、副院长）

编　　委　杨留栓（河南城建学院副院长）

　　　　　尹青亚（河南建筑材料研究设计院有限责任公司
　　　　　　　　董事长）

　　　　　张新中（华北水利水电大学土木与交通学院院长）

　　　　　范红军（郑州工程技术学院土木工程学院院长）

　　　　　李蕾蕾（中国电建集团西北勘测设计研究院副所长）

　　　　　朱建平（河南理工大学材料与工程学院副院长）

　　　　　张春季（郑州市科技局社会发展科技处处长）

　　　　　尹国军（清华大学建筑设计研究院副研究员）

　　　　　徐　剑（湖南建工环保有限公司董事长）

　　　　　王广志（万科集团万创青绿环境科技有限公司董
　　　　　　　　事长）

　　　　　雷永智（中国电建集团西北勘测设计研究院交通
　　　　　　　　工程院副院长）

　　　　　康　抗（中国电建集团西北勘测设计研究院交通
　　　　　　　　工程院副主任）

总 主 编　卢洪波　张海淼　廖清泉

参编人员　李克亮　徐开东　李战东　先光明　卢　鹏
　　　　　杜晓蒙　罗　晔　刘应然　张　腾

《建筑垃圾及工业固废筑路材料》编者名单

主　　编　　杜晓蒙

参编人员　　邱志辉　段玉忠　李　敏　乔辽军　张东胜
　　　　　　谭忠奇　王　玮　韩根想　董　森

参编单位　　中原环保鼎盛郑州固废科技有限公司
　　　　　　郑州鼎盛工程技术有限公司
　　　　　　郑州革新水工机械有限公司
　　　　　　山东弘衡再生资源科技有限公司

总 序 言

　　随着社会和经济的蓬勃发展，大规模的现代化建设已使我国建材行业成为全世界资源、能源用量最大的行业之一，因此人们越来越关注建材行业本身资源、能源的可持续发展和环境保护问题。而工业化的迅速发展又产生了大量的工业固体废弃物，建筑垃圾和工业固体废弃物虽然在现代社会的经济建设发展中必然产生，但是大部分仍然具有资源化利用价值。科学合理地利用其中的再生资源，可以实现建筑废物的资源化、减量化和无害化，也可以减少对自然资源的过度消耗，同时还保护了生态环境，美化了城市，更能够促进当地经济和社会的良好发展，具有较大的经济价值和社会效益，是我国发展低碳社会和循环经济的不二之选。

　　我国早期建筑垃圾处理方式主要是堆放与填埋，实际资源化利用率较低。现阶段建筑垃圾资源化利用，比较成熟的手段是将其破碎筛分后生成再生粗细骨料加以利用，制备建筑垃圾再生制品，而工业固体废弃物由于内部具有大量的硅铝质成分，经碱激发之后可以作为绿色胶凝材料辅助水泥使用，用以制备再生制品。

　　为了让更多人了解建筑垃圾及工业固废资源化利用方面的政策法规、工程技术和基本知识，帮助从事建筑垃圾及工业固废资源化利用人员、企业管理者、大学生、环保爱好者等解决工作之急需，真正实现建筑垃圾及工业固废的"减量化、资源化、无害化"，变有害为有利。中原环保鼎盛郑州固废科技有限公司联合全国各地的科研院所、高校和企业界专家编写和出版了《建筑垃圾及工业固废资源化利用丛书》，体现了公司、行业专家、企业家和高校学者的社会责任感，这一项目不但填补了国内建筑垃圾及工业固废资源化利用领域的空白，而且对我国今后建筑垃圾及工业固废资源化利用知识普及、科学处理和处置具有指导意义。

　　该丛书根据建筑垃圾及工业固废再生制品的类型及目前国内最新成熟技术编写，具体分为《建筑垃圾及工业固废再生砖》《建筑垃圾及工业固废筑路材料》《建筑垃圾及工业固废再生砂浆》《建筑垃圾及工业固废再生墙板》《建筑垃圾及工业固废再生混凝土》《建筑垃圾及工业固废预制混凝土构件》《建筑垃圾及工业固废保温砌块》《城市建筑垃圾治理政策与效能评价方法研究》八个分册。

　　这套丛书根据各类建筑垃圾及工业固废再生制品的不同，详细介绍了如何利用建筑垃圾及工业固废生产各种再生制品技术，以最大限度地消除、减少和控制建筑垃圾及工业固废造成的环境污染为目的。全国多名专家学者和企业家在收集并参考大量国内外资料的基础上，结合自己的研究成果和实际操作经验，编写了这套具有内容广泛、结构严谨、实用性强、新颖易读等特点的丛书，具有较高的学术水平和环保科普价值，是一套贴近实际、层次清晰、可操作性强的知识性读物，适合从事建筑垃圾及工业固废行业管理、处置施工、技术研发、培训教学等人员阅读参考。相信该丛书的出版对我国建筑垃圾及工业固废资源化利用、环境教育、污染防控、无害化处置等工作会起到一定的促进作用。

中华环保联合会副主席
生态环境部原总工程师
杨朝飞
2019 年 5 月

前　言

自 20 世纪 90 年代以来，世界上许多国家特别是发达国家，已经把建筑垃圾及工业固体废弃物的减量化和资源化处理作为环境保护和可持续发展战略目标之一。要处理、处置好建筑垃圾及工业固废，实现高质量的综合利用是关键。我国已开发了大量无害化、资源化处置的技术方案，但从绿色可持续发展的目标要求来看，这些处置方案仍需进一步创新和优化。因此，要大力提倡创新和优化建筑垃圾及工业固废综合利用的工艺技术路线，以最少的能源资源消耗和污染物排放，获得具有高性能、高性价比的再生产品。

我国早期建筑垃圾处理方式主要是堆放与填埋，实际资源化利用率较低。将建筑垃圾用于道路工程中则是现阶段建筑垃圾的重要消纳方式之一，可以将建筑垃圾用于回填路基，作为无机结合料稳定再生粒料应用于底基层中，工业固废根据自身性能、粒径等因素可作为骨料或胶凝材料加以利用等。这样就可以实现建筑垃圾及工业固废的全组分、多层次的综合利用。

基于此，本书特组织了多位有丰富经验的建筑垃圾和工业固废资源化利用的科研工作者和企业管理者，他们将积累多年的宝贵经验与建筑垃圾行业变化相结合，编写了《建筑垃圾及工业固废筑路材料》一书。本书主要介绍了利用建筑垃圾和工业固体废弃物来制备筑路材料，主要从所用原材料、设备、工艺、应用以及工业固体废弃物制备地聚合物基绿色胶凝材料等方面展开研究。

在本书的编写过程中，郑州鼎盛工程技术有限公司提供了破碎分选设备的参数、图片等。编者得到了中国电建集团西北勘测设计研究院交通工程院副院长雷永智、华北水利水电大学土木与交通学院李克亮教授的指导与帮助，特向以上对本书提供技术支持的企业和专家们表示衷心的感谢！

希望本书能对已经从事或即将涉足建筑垃圾及工业固废资源化利用的企业和从业人员有所帮助和借鉴。由于编者水平有限，本书中难免存在不妥之处，希望行业同人批评指正。

编者

2019 年 10 月

目 录

1 建筑垃圾及工业固废概述 ·· 1
  1.1 建筑垃圾的定义与分类 ·· 1
    1.1.1 建筑垃圾的定义 ··· 1
    1.1.2 建筑垃圾的分类 ··· 2
  1.2 工业固体废弃物概述 ·· 3
  1.3 资源化利用的背景 ·· 5
  1.4 建筑垃圾研究与综合利用 ·· 6
    1.4.1 建筑垃圾综合利用现状 ·· 6
    1.4.2 国内建筑垃圾在道路工程中的研究现状 ························· 9
    1.4.3 国外建筑垃圾在道路工程中的研究现状 ························· 11
  1.5 工业固废的研究与综合利用 ·· 12

2 建筑垃圾处理设备及工艺 ·· 14
  2.1 建筑垃圾处理装备 ·· 14
    2.1.1 预处理类 ··· 14
    2.1.2 破碎类 ··· 16
    2.1.3 筛分类 ··· 19
    2.1.4 分离类Ⅰ ··· 21
    2.1.5 分离类Ⅱ ··· 22
    2.1.6 制砂类 ··· 24
    2.1.7 联合类 ··· 25
    2.1.8 专用类 ··· 26
    2.1.9 环保类 ··· 29
    2.1.10 管理类 ·· 31
    2.1.11 辅助类 ·· 31
    2.1.12 选配类 ·· 32

  2.1.13 制品类 …………………………………………… 33
 2.2 建筑垃圾破碎生产线 ………………………………………… 34
  2.2.1 固定式建筑垃圾生产线 ………………………………… 34
  2.2.2 移动式建筑垃圾生产线 ………………………………… 35
 2.3 建筑垃圾处理工艺 …………………………………………… 37
  2.3.1 工艺布置 ………………………………………………… 37
  2.3.2 建筑垃圾破碎 …………………………………………… 38
  2.3.3 破碎后物料筛分 ………………………………………… 38
  2.3.4 钢筋处置 ………………………………………………… 39
  2.3.5 骨料洁净处理 …………………………………………… 39
  2.3.6 环保方面设计 …………………………………………… 39
  2.3.7 信息化、智能化设计 …………………………………… 40
 2.4 国内外建筑垃圾再生骨料生产工艺流程 …………………… 41

3 建筑垃圾再生骨料 ……………………………………………… 43
 3.1 建筑垃圾再生骨料概述 ……………………………………… 43
 3.2 建筑垃圾再生骨料物理性能研究 …………………………… 43
  3.2.1 外观分析 ………………………………………………… 43
  3.2.2 颗粒筛分 ………………………………………………… 44
  3.2.3 表观密度 ………………………………………………… 45
  3.2.4 吸水率 …………………………………………………… 46
  3.2.5 杂物含量 ………………………………………………… 46
  3.2.6 粒径小于 4.75mm 颗粒含量 …………………………… 47
  3.2.7 坚固性 …………………………………………………… 47
 3.3 建筑垃圾再生骨料力学性能研究 …………………………… 49
  3.3.1 压碎值 …………………………………………………… 49
  3.3.2 磨耗度 …………………………………………………… 49

4 建筑垃圾应用于回填路基的研究 ……………………………… 52
 4.1 建筑垃圾填料性能试验研究 ………………………………… 52
  4.1.1 筛分试验 ………………………………………………… 53
  4.1.2 标准击实试验 …………………………………………… 54
  4.1.3 承载比试验 ……………………………………………… 54
 4.2 建筑垃圾填筑路基施工工艺研究 …………………………… 55
  4.2.1 施工准备 ………………………………………………… 56

  4.2.2 试验路填筑 …… 57
  4.2.3 施工质量控制要点 …… 61
 4.3 施工质量检测方法与标准 …… 63
  4.3.1 施工过程质量控制方法 …… 63
  4.3.2 工后质量检测方法 …… 65
 4.4 建筑垃圾填筑路基后期观测 …… 66
  4.4.1 路基沉降观测 …… 66
  4.4.2 路基内部应力观测 …… 67
  4.4.3 孔隙水压力观测 …… 70

5 建筑垃圾及工业固废应用于路面基层的研究 …… 72

 5.1 建筑垃圾再生骨料在底基层中的研究概述 …… 72
  5.1.1 水泥稳定再生骨料无机混合料 …… 72
  5.1.2 石灰粉煤灰稳定再生骨料无机混合料 …… 74
  5.1.3 水泥粉煤灰稳定再生骨料无机混合料 …… 76
  5.1.4 工业废渣稳定材料 …… 77
 5.2 再生骨料在水泥稳定碎石基层中的路用性能研究 …… 79
  5.2.1 水泥稳定再生骨料基层混合料配合比设计 …… 79
  5.2.2 路用性能研究 …… 86
  5.2.3 试验段的观测与评价 …… 94
 5.3 水泥钢渣土应用于公路底基层的试验研究 …… 98
  5.3.1 钢渣特性研究 …… 98
  5.3.2 水泥钢渣土研究方案设计 …… 99
  5.3.3 水泥钢渣土混合料的力学性能研究 …… 100
  5.3.4 水泥钢渣土混合料的收缩性能研究 …… 103
  5.3.5 水泥钢渣土混合料的生产应用 …… 109
 5.4 装配式混凝土预制块在路面基层的应用 …… 111
  5.4.1 技术借鉴与结构创新 …… 112
  5.4.2 道路基层用预制块——基块 …… 114
  5.4.3 施工工艺与工程应用实例 …… 118
  5.4.4 三维嵌挤预制混凝土路基块的结构特点及生产工艺 …… 120
  5.4.5 效益分析与发展现状 …… 121

6 建筑垃圾及工业固废应用于路面面层的研究 …… 126

 6.1 海绵城市中透水混凝土在面层的应用 …… 126

6.1.1　海绵城市概述 ………………………………………………… 126
　　　6.1.2　透水混凝土在海绵城市中的应用 …………………………… 127
　　　6.1.3　透水沥青混凝土 ……………………………………………… 134
　6.2　钢渣尾渣应用于沥青混凝土面层 ………………………………………… 138
　　　6.2.1　钢渣尾渣研究背景 …………………………………………… 138
　　　6.2.2　钢渣尾渣全组分利用技术 …………………………………… 140
　　　6.2.3　钢渣尾渣应用于沥青混凝土 ………………………………… 140
　　　6.2.4　工程实例与实践 ……………………………………………… 143

7　工业固废制备地聚合物基绿色胶凝材料 ………………………………… 146
　7.1　地聚合物介绍 ……………………………………………………………… 146
　7.2　一块一路试验研究 ………………………………………………………… 149
　　　7.2.1　原材料的检测及预处理 ……………………………………… 149
　　　7.2.2　绿色胶凝材料配方优化 ……………………………………… 150
　　　7.2.3　混凝土试验 …………………………………………………… 152
　　　7.2.4　项目成果支持"一块一路"建设 …………………………… 155
　7.3　典型工程实例介绍 ………………………………………………………… 159
　　　7.3.1　西藏邦达机场 ………………………………………………… 159
　　　7.3.2　西藏日喀则机场 ……………………………………………… 160
　　　7.3.3　新疆某直升机机场 …………………………………………… 161
　　　7.3.4　乌鲁木齐地窝堡国际机场 …………………………………… 162
　　　7.3.5　新疆武警直升机机场 ………………………………………… 163

8　海内外新产品与新技术 …………………………………………………… 166
　8.1　湿法成型路面板 …………………………………………………………… 166
　　　8.1.1　一种湿法成型的仿石抛光路面板 …………………………… 166
　　　8.1.2　解决湿法压制混凝土面板的养护变形问题 ………………… 167
　8.2　新型透水气候路面板 ……………………………………………………… 169
　8.3　可镶嵌"花"的混凝土路面板 …………………………………………… 170
　8.4　勿以"缝"小而不为——预埋装配式伸缩缝 …………………………… 171

9　文献导读及专利介绍 ……………………………………………………… 175
　9.1　文献导读 …………………………………………………………………… 175
　9.2　专利介绍 …………………………………………………………………… 177

参考文献 ……………………………………………………………………… 181

1 建筑垃圾及工业固废概述

1.1 建筑垃圾的定义与分类

1.1.1 建筑垃圾的定义

当今社会建筑垃圾的类别,与建筑时间、建筑要求、建筑材料、建筑商的实力、消费者的实力、建筑中的无用成分等有关。依据建筑时间的不同,我国的建筑结构在以下几个时期呈现明显的不同:

第一个时期,指 1949 年以前的时期。在这个时期,由于我国的经济发展水平很低,社会的整体生产能力也不高,因此建筑材料都非常简单。比如农村的房屋主要以土坯和草土结合的建筑材料为主。部分农村,富裕的家庭可以在墙体中置入少量的砖,在屋顶上置入少量的瓦,门窗改换成相对简单的木质门窗。而城镇的建筑材料则相对好一些,其房屋材料采用了黏土青砖等较好的材料,甚至有些地方,如部分公共设施,则用上了钢筋、混凝土等在当时非常先进的材料。

第二个时期,指新中国成立以后到 20 世纪 80 年代中期。这个时期主要是因为新中国成立以后,国家经济建设有了统一的调度,可以集中力量办大事,在全国范围内进行了各个层面的改造,作为面貌工程的建筑改造,就成了重中之重。此时全国的经济发展重生产,所以很多建筑是对大型工厂的改造和重新建设。由于受限于当时的经济条件和建筑因素,可用于建筑的材料通常是多层混合结构。这个时期的建筑通常是以黏土砖和混凝土作为支柱,以空心楼板作为建筑的外部,而建筑的防水措施,以沥青为首选材料。这个时期的门窗也出现了不锈钢制成的门窗。室内的墙表面以水泥浆为主。相对落后的地区,则多使用石灰黄土泥浆做墙面。

第三个时期,指从 20 世纪 80 年代中期开始,到 21 世纪第一个十年中期。这个时期,得益于改革开放,中国的经济有了快速的发展,因此全国的建筑行业也发生了翻天覆地的变化。建筑行业的要求越来越高,技术进步越来越快,能够使用的建筑材料日新月异,建筑结构变得更加复杂,也更加稳定。比如除了以前的砖混结构以外,还有浇筑这种新的、快速构建建筑的方式。而更多种类的建筑材料也参与到建筑物的建造中来,如聚氯乙烯(PVC)、聚丙烯(PP)、聚乙烯(PE)、聚丁二烯(PB)、硅酮、聚硫、丙烯腈-丁二烯-苯乙烯共聚物(ABS)、三聚氰胺、各类纤维素等;也有很多无机墙体材料、五花八门的装修材料等参与建筑物[1]。

随着经济的持续增长，人口的急剧增加，建筑物的形态、结构都在发生改变，旧的建筑物不断被拆除、更替，各种类型的建筑活动使建筑垃圾量也与日剧增。

现行中国法律法规中对建筑垃圾有明确的定义，即机构或者个体由于对与建筑相关的部分实施拆建或者维修因而导致的无用物，或者对有居民入住的建筑物进行拆建或者维修而出现的无用物。

对"建筑垃圾"相对狭义的定义是：人们在从事拆迁、建设、装修、修缮等建筑业的生产活动中产生的渣土、废旧混凝土、废旧砖石及除此之外的无用物的总称。对"建筑垃圾"相对广义的定义是：移除旧的建筑以后剩余的一些碎砖，包括对以后建筑没有任何作用的东西，也包括在施工过程中出现的无法再利用的材料，比如碎木屑、废砂浆、碎钢材和塑料制品、开挖地基时被挖出的土和碎石、居民装修时的废弃物、城市道路修复时产生的所有无用物等。

被移除的建筑所产生的垃圾，其成分与原建筑所用建筑材料的类别有很大的关系。比如，旧的供人居住的建筑，它的建筑材料中大约 80% 是砖瓦，其他部分则通常是碎玻璃、碎木屑、碎砖块。而在已经不再使用的工业厂房中，约一半是钢筋混凝土的结构。移除建筑物所产生的建筑垃圾的种类常常与原建筑物的内部结构有关，其产生的建筑垃圾的量的多少也因施工队的水平和当时一些具体条件的不同而有所差异。

因此，在研究、分析建筑垃圾时，着眼点应该立足于我国的可持续发展战略和循环经济战略，充分考虑建筑垃圾的使用价值。生活当中接触到的建筑垃圾，一般都是固体。这一类垃圾主要产生在建筑的建、维、拆、修过程中。虽然在移除建筑过程中由于建筑本身结构的不同，而产生了不同种类的垃圾，然而构成这些垃圾的成分却大体相同，主体还是砖、石、土的碎屑碎块，装饰材料的废弃物以及小块儿砂浆等。

很多建筑由于建设时间长、使用时间长、维修时间长而产生了大量的垃圾，这一类垃圾其实是非常宝贵的资源，应该根据垃圾成分的种类以及需求对其进行处理，进而减少资源的浪费。由建筑物的建拆所导致的垃圾主体是砖、瓦、砂浆、混凝土以及废弃的生活用品等，尽管这些垃圾的量很大，但处理起来还是比较方便的。

1.1.2　建筑垃圾的分类

依据分类方法的不同，建拆建筑时会产生各种类型的垃圾。如果可以优化分类方法，就能找到处理垃圾的更好方法。

依据垃圾来源的不同，垃圾处理确定了不同的分类方法。这些分类方法可以用于对建筑垃圾的处理。对建筑垃圾，依据其来源的不同，可以将其划分为五类，分别是土地开挖垃圾、道路开挖垃圾、旧建筑物拆除垃圾、建筑施工垃圾和建材生产垃圾。下面对这些垃圾进行详细定义[2]。

(1) 土地开挖垃圾

土地开挖垃圾，根据开挖深度可以划分为深层土垃圾和表层土垃圾。这类垃圾的产量一般非常大。但是，由于这一类垃圾的成分都不复杂，所以它的危害性一般不高。对于这些垃圾的预防，主要是防尘和防抛撒。

(2) 道路开挖垃圾

产生道路开挖垃圾的道路，从整体上看可以划分为两类：一类是沥青道路；一类是混凝土道路。道路开挖垃圾包括混凝土块、石材和废电线等。对道路开挖垃圾的预防和处理措施是：提高平常所用建筑材料的质量，并优化管理。这一类垃圾的再利用价值非常高，因此要注意对其的回收和再利用。

(3) 旧建筑物拆除垃圾

旧建筑物拆除垃圾的主要成分包括砖石、混凝土、灰浆以及其他金属类物质等。它的成分非常复杂。因此，对它的处理，需要非常大的投入，包括用于研究的大量资金和精力。在日常也要做好对它们的循环利用，进而实现对它们造成的污染的控制。

(4) 建筑施工垃圾

建筑施工垃圾可以细分为碎屑、剩余建筑材料、装修带来的废弃物。所谓的碎屑，是指碎砖、碎石、碎混凝土以及水泥砂浆等。所谓的剩余建筑材料，是指进行建筑的建设时超额的建筑材料，当然包含因为建筑物的未完工而产生的过剩建筑材料。装修带来的废弃物有废金属、废装饰材料以及碎石灰等。建筑施工垃圾中绝大部分是碎屑、散落的砂浆和其他材料等。

(5) 建材生产垃圾

所谓的建材生产垃圾，在现在来看，就是指工厂在生产建筑材料时所产生的所有的无用物。而建筑材料在储存以及运输过程中所产生的无用物，也被视为建材生产垃圾。如混凝土在被生产的时候，很难保证百分之百的合格。那些不合格的混凝土，常常会浪费工厂的大量财物，是工厂管理的一个关键。这些垃圾主要是生产工具或者生产方式、生产条件的不完善而产生的。虽然不可能实现资源的百分之百利用，但是改进生产方式，发明创造新的生产工具会大大减少此类垃圾的产生。

1.2 工业固体废弃物概述

(1) 定义与分类

工业固体废弃物（以下简称工业固废）是在工业生产过程中排出的采矿废石、选矿尾矿、燃料废渣、冶炼及化工废渣等固体废弃物。工业固废的主要组成为粉煤灰、炉渣、矿渣、钢渣、铅锌渣、铁合金渣、发电煤矸石渣等，这类废渣的共同特点是以硅铝为主要成分，有一定活性，可经 $Ca(OH)_2$ 及活性剂激发以后产生胶凝强度，从而成为新型胶凝材料，以替代水泥，节约产品成本。工业固废中的铁尾矿砂还可作为细骨料用来制备混凝土。

近几年的国家大数据显示，我国的工业固废主要源于五大重工业作业。采矿业的废弃石料、冶炼金属的燃烧残留等都是目前我国工业固废的重要组成部分。我国地大物博，有着丰富的矿产资源，所以工业固废的来源相对稳定。由于我国有着丰富的矿产资源作为后盾，所以矿产开采量也逐年增加。而作为工业固废主要来源的五类企业，所使用的矿产资源都可以回收再利用。如果能对其在生产过程中产生的工业固废进行合理的回收利用，一方面可以改善生态环境，建立可持续发展的生态系统；另一方面可以使我国的矿产资源利用率得到充分提升，进一步有效解决工业固废浪费的问题。主要工业固废的来源和分类见表1-1。

表1-1 主要工业固废的来源和分类

来源	产生过程	分类
矿业	矿石开采和加工	废石、尾矿
冶金	金属冶炼和加工	高炉渣、钢渣、铁合金渣、赤泥、铜渣、铅锌渣、汞渣等
能源	煤炭开采和使用	煤矸石、粉煤灰、炉渣等
石化	石油开采和加工	油泥、焦油页岩渣、废催化剂、酸渣、碱渣、盐泥等
轻工	食品、造纸等加工	废果壳、废烟草、动物残骸、污泥、废纸、废织物等
其他		金属碎屑、电镀污泥、建筑废料等

（2）工业固废总量与堆放情况分析

2005—2018年，我国工业固废的产生量呈现增长趋势，污染环境现象日益凸显。在2011年，工业固废年产生量达到32.28亿吨，此后一直高居不下。2018年，我国一般工业固废年产生量达到33.16亿吨。另据工业和信息化部统计，当前我国工业固废的历史累计堆存量超过600亿吨，占地超过200万公顷。据原环保部统计，2017年我国危险废弃物共46类460种，产生量为5480万吨。其中可无害化、资源化处置量约占1/4，未经无害化和资源化处置的危险废弃物环境危害巨大。2018年，据测算国内危险废弃物年产生量为6000万~1亿吨，但综合利用率不足50%，无害化处置能力"散小弱低"，非法转移、处置、倾倒现象严重，环境危害很大。为实现工业固废综合利用产业健康发展，相关企业一定要找准产业定位，行业应加强自律，政府则要严格监管，多方合力才能有效提高工业固废的综合利用率。

（3）工业固废的分布

我国的工业固废分布有着极强的规律性。工业固废最主要的产地集中在我国的中部和西部。其中，东北三省加上山西、山东、河南、河北等共10余省份，占全国工业固废总产生量的3/5以上。主要原因是这些省份的经济结构不合理，重工业集中，工业固废的产生量非常之大。同时，这些地区经济基础较为薄弱，导致工业固废的资源利用率较低，造成大量资源的浪费。而我国经济较为发达的沿海地区，工业固废的利用率较高，部分地区甚至可以达到95%左右。目前，我国各地区对工业固废的利用率明显失衡，长此以往，势必会造成两极分化，不利于我国经济的进一步发展。

1.3 资源化利用的背景

我国的建筑垃圾量特别大。首先是因为我国建筑工程量大；其次是建筑寿命短，我国建筑的实际使用年限大概只有30年，一些发达国家建筑的实际使用寿命为70～90年，英国、俄罗斯就有一些百年建筑。这些因素的影响自然会产生大量建筑垃圾，造成垃圾围城的困局。

我国在改革开放后，经济快速增长，但同时垃圾排放量也位居世界榜首，其中建筑垃圾所占比重达到生活垃圾的30%～40%，且呈不断递增的趋势。《中国建筑垃圾资源产业化发展报告（2016年度）》指出，因以前年度我国并未对垃圾排放有特别的关注，目前排放数据统计存在一定的困难，同时没有对垃圾建立排放数据体系，只能通过以往暂有的数据进行合理估计。据不完全统计，我国近几年的工业垃圾排放量占生活垃圾比率高达40%左右，总排放量约15.5亿吨至24亿吨，该数据反映，未来几十年随着城市化的快速发展，建筑垃圾排放量只会越来越多。因此，未来几十年将是我国建筑垃圾排放量顶峰时期[3]。以往，建筑垃圾通常采用运往郊外堆埋的方式来处理，但这种方式造成了严重的土地污染与土地占用，弱碱性的废渣会使大片的土壤"失活"，还会污染地下水[4]。由此引发的环境问题十分突出，成为城市的一大公害。数据显示，建筑物的建造会直接或间接消耗整个社会50%的原材料和40%的能源，所以对废弃混凝土的再生利用不仅可以保护环境而且有利于国家的可持续发展。

经济的发展离不开基础设施的建设和完善，在国家"十三五"规划中，全国经济将更进一步发展，基础设施建设速度将进一步加快，公路和铁路建设规模和里程将进一步增加，公路和铁路的建设将消耗大量的建筑材料。我国每年对混凝土的需求量有所提升，据统计，2015年混凝土的需要量高达14亿立方米，占全球混凝土需求量的一半以上，其中主要材料为骨料，其提炼取材于山土石料、河砂[5]。近年来，随着环境保护工作的不断推进，政府出台了一系列治理政策，曾经的砂石行业从"无治、无序"向"有治、有序"过渡。砂石的"疯狂"开采对环境造成了极大的破坏，天然砂石资源日益枯竭，为节约资源和保护环境，多地政府陆续制定了强制政策，限制对砂石的开采，同时出台政策推广新技术，促进建筑垃圾的再利用，将其变废为宝。

建筑垃圾的成分主要为无机材料,其中以混凝土块、砖块、碎石及细颗粒为代表,这些材料具备耐酸碱性、抗水性、渗透性、颗粒较大、可塑性差、不易变形等特点。这些性质决定了建筑垃圾的性质,建筑垃圾不会因为时间的沉淀而消亡,还需经过人工处理、再利用制造为新材料,用于以后的建筑工程中。

因此,研究建筑垃圾再利用,以增添甚至取代建设工程中必要的材料品种,这将有利于建筑垃圾的回收,节约人力、物力,节约社会资源,实现经济、环境的综合效益;同时对环境保护和资源的优化利用起到重要的推进作用。对建筑垃圾进行再处理并有效地再利用,成为城市化发展中的一项崭新课题。

然而,对建筑垃圾进行填埋、焚烧等初级处理,会产生很多问题。如何解决问题?用怎样的材料去建设房屋、道路成为解决问题的一个重要方向。

道路作为最大的人造工程,每年需要消耗2亿~3亿吨体量的砂石材料。以沥青路面为例,其路面厚度达到了几十厘米,甚至1米,对砂石材料的消耗巨大。此外,道路工程的层次特别多,是一个多等级的投资工程,其对原材料的要求,随着道路等级的降低、结构层次的深入,逐渐降低。在这种情况下,如果能够对建筑垃圾进行差异化利用,将建筑垃圾中的"贵族"——质量、成分好的部分用于高等级、上层,将质量差的用于低等级、下层,建筑垃圾其实完全可以被消纳掉。

将建筑垃圾应用于道路工程,在国外早有先例。美国的道路建设是消纳工业固废的一个重要方向,建筑废弃物中的70%用于道路建设;德国主要依靠道路消纳建筑垃圾。在一些重视环保的国家,建筑垃圾的利用率都在90%以上,但在我国,建筑垃圾的利用率不足10%。

造成这些差距的原因有很多,立法是一个重要的方面。在国外,关于建筑垃圾处置的立法非常完善,在立法基础上,建筑垃圾的标准、规范也十分完善,如何使用建筑垃圾有严格的规范,有据可依。在我国,立法做起来很快,但在实际应用中,技术人员缺乏在技术标准规范方面的引导。虽然有一些法律法规,但如何规范化使用,缺少相应规范。此外,政策引导十分必要,只有政策引导才能使建筑垃圾资源化方面的技术真正地落地。

1.4 建筑垃圾研究与综合利用

1.4.1 建筑垃圾综合利用现状

(1) 国外建筑垃圾利用现状

自20世纪90年代以来,世界上许多国家,特别是发达国家,已经将城市建筑垃圾减量化和资源化处理作为环境保护和可持续发展战略目标之一。截至目前,有些国家在建筑垃圾再生利用领域已形成较为完善可行的政策法规体系,切实有效地保障了建筑垃圾资源化工作的顺利进行。国外建筑垃圾综合利用现状见表1-2。

表1-2 国外建筑垃圾综合利用现状

序号	国家	相关政策	综合利用管理办法	利用率
1	德国	《固体废物循环经济法》《在混凝土中采用再生骨料的应用指南》	征收垃圾处理费,扶持垃圾处理企业,建立大型的建筑垃圾再加工综合工厂和再生骨料加工厂	87%
2	日本	《再生骨料和再生混凝土使用规范》《资源重新利用促进法》《建筑工程用资材再资源化》《由国家来推进采购环保产品》《促进再生资源利用法》	建立建筑垃圾再生加工厂,生产再生水泥和再生骨料,建筑垃圾必须送往"再资源化设施"进行处理	99%
3	美国	《超级基金法》《固体废弃物处理法》《建设废弃物再生促进法》	实行"减量化""资源化""无害化"和"产业化"	90%
4	韩国	《不同用途的再生骨料品质标准及设计施工指南》	成立276家再生骨料公司	83.4%
5	荷兰	有关利用再生混凝土骨料制备混凝土、钢筋混凝土和预应力钢筋混凝土的规范	生产循环再生砂	70%
6	芬兰	—	对随意倾卸建筑垃圾者罚款	70%
7	瑞典		对随意倾卸建筑垃圾者罚款	—
8	俄罗斯	有关利用再生混凝土骨料	加工再生骨料,生产再生混凝土	
9	澳大利亚	制备混凝土、钢筋混凝土和预应力钢筋混凝土的规范	加工再生骨料,生产再生混凝土	—

为提高建筑垃圾再生循环利用率,缓解资源短缺、减轻环境污染的压力,建筑垃圾在发达国家已被看做一种资源,成为生产经济生活中的一种资源选择。一些发达国家建筑垃圾资源化的方式主要包括:

① 废旧混凝土资源化。将废旧混凝土通过破碎加工成骨料代替砂石生产新的混凝土,进行资源再利用,从根本上解决了废旧混凝土的处理问题。

再生混凝土可以广泛应用于道路建设中的路基、路面、路面砖和道牙施工等工程;在建筑工程中可以广泛应用于基础垫层、底板、台子、填充墙和非结构构件等抗压强度要求不高的部位。

② 废旧砖瓦资源化。废旧砖瓦资源化的方法主要有:碎砖块可用来生产混凝土砌块,代替骨料配制再生轻骨料混凝土和利用废砖瓦生产建筑墙体砖和铺地砖、公路或水利护坡草坪砖等。

③ 废旧建筑木料资源化。废旧建筑木料资源化的方法包括:将废旧木料作为木材重新利用,用废木料生产的复合材料及纤维可用于沥青路面吸油防裂、延长路面使用

寿命。

④ 废旧屋面材料资源化。废旧屋面材料资源化的方法包括：回收沥青废料通过再加工分解作为热拌沥青路面的材料、回收沥青废料通过再加工分解作为冷拌材料及沥青纤维。

(2) 国内建筑垃圾利用现状

与发达国家相比，我国建筑垃圾资源综合利用水平的差距较大。近年来，我国经济发展进入高速期，随之而来的是规模巨大的现代化建设，无疑使建筑行业呈现一派繁荣景象。住房城乡建设部的调研显示，调研的 34 个试点城市 2017 年建筑垃圾产生量为 11.4 亿吨，推算全国建筑垃圾产生量为 35 亿吨以上。2017 年全国地下综合管廊建设产生约 1.9 亿吨建筑垃圾；2016—2018 年，地铁建设产生约 4.2 亿吨建筑垃圾。建筑垃圾已占城市垃圾的 70% 以上，解决建筑垃圾问题迫在眉睫。

我国建筑垃圾资源化再生利用尚处于探索阶段，建筑垃圾再生利用率不到 10%。传统的露天堆放或者填埋等建筑垃圾处理方式，不但加重了扬尘，污染了环境，而且占用了大量的土地资源，影响土壤植被。同时，城乡建设的提速对砂石的巨大需求导致乱采滥挖现象不断发生，对山体和河道等自然生态环境造成了严重破坏，也给城市管理带来了巨大压力。目前，我国部分地区的建筑垃圾处理和利用领域主要有以下 4 个方面：

① 利用建筑垃圾造景。如天津市的人造山，占地约 40 万平方米，利用建筑垃圾 500 万立方米。西安市北郊文景公园的人造山，利用建筑垃圾 300 万立方米。

② 利用建筑垃圾生产再生砖。2006 年，河北邯郸 32 层金世纪商务中心所用的砖全部采用邯郸市全有建筑垃圾制砖有限公司利用建筑垃圾制造的环保砖。该工程不仅是邯郸市的标志性建筑，也是我国建筑垃圾综合利用的一座里程碑。现阶段我国利用建筑垃圾及工业固废生产的环保型再生砖，主要包括透水砖、挡墙砖、护坡砖、标准砖、标准砌块、路沿石等。这些类型再生砖的生产已经有了一定技术水平，并在实际中得到广泛的应用。

③ 利用建筑垃圾生产再生骨料。1990 年 7 月，上海市第二建筑工程公司在市中心的"华亭"和"霍兰"两项工程的 7 幢高层建筑的施工过程中，将结构施工阶段产生的建筑垃圾分拣、剔除并把有用的废渣碎块粉碎后，与普通砂按 1∶1 的比例混合作为细骨料，用于抹灰砂浆和砌筑砂浆，砂浆强度达到 5MPa 以上。合宁高速公路由于交通量和使用年限的增加，水泥混凝土路面出现了不同程度的病害，每年路面的维修工程量为 9 万～10 万平方米，产生旧混凝土 3 万～4 万立方米。因此在此路面维修中，就地和就近利用废弃混凝土再生骨料代替天然骨料配制再生混凝土用于道路，废弃混凝土的利用率达到 80%。

④ 利用建筑垃圾进行路基填筑。以上海世博园为例，方圆 5.28 平方千米的世博园选址在工厂、民居密集的老城区，这意味着要拆掉大量老房子，产生大量的建筑垃圾。

在上海世博园建设过程中，前期拆旧产生的近300万吨建筑垃圾，大部分被就地再生利用。拆下的破砖烂瓦经过分类、预处理后，用于园区的道路铺设、绿化造景、园区建筑垃圾再生透水砖等，建筑废弃物与建设场地原状土体相混合，形成建筑垃圾渣土。采用高强高耐水土体固结剂（简称"HEC"固结剂）固结建筑垃圾渣土，应用于世博园区道路路基加固处理和半刚性基层的铺筑。不仅解决了垃圾造成的环境问题，还为园区建设节约了大量砂砾、石子和水泥，具有极大的社会经济价值。

如果能把建筑垃圾充分进行资源化再生利用，将可以创造不可估量的价值。目前我国还未出台专门针对建筑垃圾资源化利用和管理方面的法律法规，仅在《中华人民共和国循环经济促进法》和《中华人民共和国固体废物污染环境防治法》等法律中有部分条文体现。已有部分城市出台了相关政策，并建设了建筑垃圾再生处理厂。因此，从技术角度来说，我国建筑垃圾实现资源化利用是完全可行的。今后的工作重点在于巩固并继续加强、推广现有的建筑垃圾资源化技术，在此基础上，积极吸收、消化国外的发达工艺技术，开发并推广应用更高层次的特有工艺技术，从而推动实现我国建筑垃圾资源化工作的进一步发展。

1.4.2 国内建筑垃圾在道路工程中的研究现状

(1) 路基填筑方面

① 试验研究

左富云[6]将建筑垃圾应用于路基填筑并做了相关的试验研究。路基用原材料以废旧砖块为主，加入一定量的砂灰和渣土，再加入不同剂量的生石灰或者水泥作为胶粘剂。废旧混凝土和砖块采用颚式破碎机破碎，最大粒径为37.5mm，渣土从拆迁现场取样。研究得出结论：建筑废渣经破碎后可直接作为道路路基回填材料，其中骨料所占的比率不应低于30%。

② 现场试验

齐善忠等[7]采用建筑垃圾对徐州市某鱼塘段进行路基填筑，并且做了碾压以及弯沉试验。首先按要求进行鱼塘排水，然后分3层进行填筑压实。第1层填筑60～70cm的石块、混凝土块进行地基挤淤，然后用碎石块和塘渣嵌缝，粗料与细料比为4:1，回填厚度高出淤泥30cm。第2层填筑材料为粒径在30cm以下的石块、塘渣、土，比例为3:4:3，虚铺厚度50～60cm，压实厚度40cm。第3层填筑方案同第2层。碾压试验结果显示建筑渣土的压实度与碾压沉降量呈线性关系，压实度越大，沉降量越小。建筑渣土填筑路基弯沉试验现场结果显示，建筑渣土作为路基填筑材料稳定性较好，沉降量和工后沉降量远小于软土路基的允许值。

③ 施工技术

徐宝龙[8]分析了建筑垃圾土的组成及工程特性，简述了试验路段采取分层碾压填筑后再进行强夯加固的施工方案，重点阐述了采用强夯法对路基进行加固处理的施工方案。施工质量检测表明，强夯法对建筑垃圾土填料的路基加固效果良好。

樊兴华和唐娴[9]结合西禹高速公路试验段介绍建筑垃圾填筑路基的施工工艺，分别从建筑垃圾加工与堆放、基底处理、运输、布料与整平、碾压等方面进行研究，采用压实沉降差和孔隙率这两个指标作为控制压实质量的评价指标，得出建筑垃圾在高速公路路基工程应用中切实可行的结论。

④ 实际应用

a. 建筑垃圾也可筑路。国内首条以建筑垃圾为主导筑路材料的陕西西咸北环线高速公路，经过两年多运行，路面依然平整如初，无任何沉降，证明用建筑垃圾填筑路基，不仅实现了废物利用，而且工程质量优于普通填料。西咸北环线高速被交通运输部列为全国"生态环保示范工程"。

由中铁二十一局三公司等11家施工企业参建的西咸北环线高速公路被交通运输部列为2013年建设的科技项目。为此，陕西省交通厅组织科研人员开展"建筑垃圾在公路中的再生应用技术"科研课题，为西咸北环线路基填筑消化建筑垃圾提供技术支撑。

陕西省交通厅在6标段划出400m试验段，与中铁二十一局三公司联合启动了科研课题。他们通过填筑试验，获取了相关技术参数，掌握了关键工序控制方法，并采用灌砂法、降差法、弯沉测定等技术措施，将建筑垃圾粒径控制在15cm以下，再添加1.5%的水泥以增加其黏结性。每层铺筑25~30cm，再反复碾压7遍，有效控制填筑质量，检测密实度高达96%以上。为防止透水引发路基病害，在最底层和中层铺设防水土工布。建筑垃圾再生应用技术指标超过了普通填料标准，其技术成果迅速在全线推广。此项技术的成功运用，为国内建筑垃圾的再生利用起到示范作用。

b. 西禹高速其中一段道路的路基采用建筑垃圾填筑，建筑垃圾中砖石、废弃混凝土碎块占70%，土占30%。试验段结果表明，采用建筑垃圾做路基填料比采用砂砾做路基材料可节省约90万元/千米，可见利用建筑垃圾作为路基填料具有可观的经济效益。当其松铺厚度≤40cm、碾压次数≥8次时，沉降差<5mm，孔隙率<20%，符合压实质量检测标准。

(2) 基层或底基层方面

① 试验研究

陈朝金[10]进行了水泥稳定再生废砖块骨料性能研究。通过对比规范中各级公路对水泥稳定碎石7d无侧限抗压强度要求，在水泥剂量为5%，骨料级配接近中值，严格控制掺入比例的情况下，碎砖块骨料可应用于各等级公路基层或者底基层。

左富云[6]进行了以建筑垃圾为基层材料制作的试块的7d无侧限抗压强度和7d室内回弹模量的试验研究。道路底基层用原材料以废弃混凝土为主，加入一定量的废砂灰、废旧砖块，再加入不同剂量的水泥作为胶粘剂。废旧混凝土和砖块采用颚式破碎机破碎，最大粒径为37.5mm。研究得出结论：建筑垃圾在经破碎后可直接用于道路底基层材料，其中骨料所占比率不低于50%。

焦建伟进行了再生骨料混凝土在道路工程中的试验研究[11]。再生骨料混凝土是以破碎后的 4.75mm 以上、40mm 以下的混凝土块以一定的百分率代替天然碎石再加入一定量的水泥、水、碎石形成的混合料。对再生骨料混凝土的一些基础性研究得出如下结论：当再生粗骨料按照一定的比率与天然粗骨料结合使用，其强度变化不大，可以完全满足工程需要。

刘志华进行了再生混凝土粗骨料在道路中的运用研究[12]。再生混凝土是以破碎后的 4.75mm 以上、32mm 以下的混凝土块为粗骨料，再添加一定量的旧水泥砂浆形成的混凝土。研究得出的结论是：再生骨料具有压碎指标高、吸水率大、表观密度低的特点；可以通过改变再生混凝土的水泥砂浆强度，从而改善路面的性能。

石义海进行了废弃混凝土再生骨料道路基层试验研究[13]，着重研究了再生骨料附着砂浆对再生混凝土抗压强度的影响以及用再生骨料替代天然骨料用于道路二灰碎石基层的可行性。研究得出以下结论：再生骨料二灰碎石的主要力学性能指标满足高等级公路对基层材料的要求，用再生骨料替代天然骨料用于道路二灰碎石基层是可行的。

② 工程应用

某机场的路面基层施工采用建筑固废再生骨料配制水泥稳定层，代替原设计的水泥碎石稳定层[14]。工程实践表明，采用再生骨料配制的水泥稳定层，在保证道路工程质量的同时，降低了工程成本，实际节约成本 9.07 元/m³，而且处理了建筑垃圾，为建筑垃圾的再生利用开辟了另一条渠道。

孙丽蕊等[15]主要针对建筑垃圾再生无机混合料在道路基层中的应用进行了研究。采用的建筑垃圾无机混合料配合比为石灰：粉煤灰：再生骨料＝8：17：75。该道路施工效果良好，各项技术指标达到道路设计和行业施工规范要求。应用结果表明，建筑垃圾再生骨料可以作为道路材料在道路工程的基层中应用。

2006 年在沧州市千童大道道路工程中分别铺筑了石灰粉煤灰稳定砖石骨料 7：13：80 外加 1％水泥石灰粉煤灰稳定再生骨料、5.0％水泥稳定再生骨料、石灰粉煤灰稳定砖石骨料 3：6：91 水泥粉煤灰稳定再生骨料三段直接用作道路基层的试验段。这些路段通车使用 8 年多，路面状况仍然很好。

上海世博园区[16]的道路修建采用拆迁中产生的大量建筑垃圾，以土壤固结剂作为胶结材料，修建中对建筑垃圾和碎石做了对比试验，得出结论：当 HEC 剂量为 8％以上时，HEC 固结建筑垃圾强度、模量都能达到水泥稳定碎石的性能要求。

1.4.3　国外建筑垃圾在道路工程中的研究现状

在国外，关于建筑垃圾在道路工程领域的研究主要集中在再生骨料的基本性能研究上，而且主要应用于道路的基层或者底基层。美国、日本等一些国家对再生骨料方面进行了相关研究，已有成功应用于刚性路面的实例。

据美国联邦公路局统计，美国已有超过 20 个州在公路建设中采用再生骨料，将再生骨料应用于基层或底基层。堪萨斯州交通厅研究认为，将旧混凝土再生骨料用于新建水泥路面面层或基层，且能满足大多数道路对混凝土骨料的规范要求。尽管再生骨料与天然骨料存在差异，可通过修改设计方法增强再生混凝土的性能，改善其不足。

美国巴克尔大学[17]研究了纤维增强稳定路面基层材料的弯曲疲劳特性，得出结论：稳定基层材料以再生骨料为主体，外掺4%的水泥和4%的粉煤灰（按质量计算），其疲劳强度和耐久性能可以完全满足高等级公路稳定基层材料的要求。如果掺加4%的钢纤维，可以很大程度上提高基层材料的抗疲劳性能。

新墨西哥州立大学[18]研究了掺入再生骨料的基层的弹性模量和疲劳特性，得出结论：再生骨料可以用在道路基层，但是掺量达到25%就会使得动弹性模量出现大幅变化。

日本对建筑垃圾的处理方法是将其分类，并将其破碎成直径约为40mm的粒料，采用300℃的高温加热，使粒料相互混合、摩擦，骨料及骨料外围黏附的水泥组分变成粉末完全分离，所产生的水泥组分用于地基的改进材料，分出的骨料可与天然骨料一样用于结构物，达到100%的回收利用。

代夫特理工大学[19]对再生骨料掺入基层中做了大量试验，得到结论：压实度、级配和混合料组成等因素对掺有再生骨料的道路基层有强大影响，包括黏结力、弹性模量、抗永久变形能力。其中压实度影响最大，级配影响最小。

首尔国立大学[20]探讨了再生混凝土骨料掺入混凝土路面基层和底基层的性能和特性，通过调整干、湿再生混凝土骨料的水分密度、颗粒级配、细骨料棱角度测量其稳定性、抗剪切能力、再生骨料断裂性能、抗压性能，得到再生骨料代替天然骨料用于基层完全满足规范要求的结论。

阿尔及利亚米迪尔大学探讨了利用破碎砖块粗、细骨料制作再生混凝土的可能性，得到了以下结论：①破碎砖块骨料相比于天然碎石，具有低体积密度和高吸水率的特点。②抗压强度和无损测试方法的相关性与普通混凝土相似。为了减少其含水率，推荐使用塑料添加剂。③弹性模量和抗压强度一样，随着破碎砖块骨料取代率的增加而减小。由于再生混凝土的性能低于普通混凝土，最好应用在对混凝土要求较低的环境，比如人行道。

1.5 工业固废的研究与综合利用

工业固废的污染控制与其他环境问题一样，也经历了从初期的简单处理逐渐向全面管理发展的过程。工业固废由于含有较多的可利用资源，因此在综合利用方面近年来获得了长足发展，如磷石膏制硫酸联产水泥技术、化工碱渣回收技术、煤矸石硬塑和半硬塑挤出成型砖技术、纯烧高炉煤气发电、煤矸石和煤泥混烧发电等水平不断提高。总体说来，工业固废的研究与利用途径主要集中在：

(1) 生产建材。其优点：①废渣消耗量大、产品质量好、投资少、见效快，有广阔的市场前景；②节约原材料与能耗，避免二次污染产生；③可生产的建材种类多、性能好。工业固废用作建材的原料主要包括以下几个方面：一是一些冶金矿渣和矿山废石可以用作铺路的碎石和混凝土的骨料；二是一些具有水硬性的工业固废可以作为生产水泥的原材料；三是一些诸如粉煤灰、煤矸石、赤泥、电石渣等固废可以用来生产建筑用砖；四是某些工业固废可作为铸石和微晶玻璃生产的原料；五是用高炉矿渣、煤矸石、粉煤灰等作为原料生产矿棉，用炉渣生产膨胀矿渣等轻骨料。

(2) 回收工业固废中可利用的成分替代一些原材料，以及研发新产品。如洗矸泥炼焦用作燃料、煤矸石沸腾炉发电、硫铁矿烧渣炼铁、钢渣用作冶炼熔剂、陶瓷基与金属基废弃物制成复合材料等。这样可以降低能耗、节约原材料，使经济效益得到大幅提升。

(3) 工业固废含有大量的 Al_2O_3 和 SiO_2，可用来制备地聚合物，从而可以大量利用工业废渣，并消耗很少的能源，基本不产生二氧化碳排放。以工业固废制备的地聚合物被 A. Palom、M. W. Grutzeck 和 M. T. Blanco 看做未来的水泥。最近十多年间，国内外学者开始使用粉煤灰、粒化高炉矿渣、废玻璃、钢渣、废砖粉、冶金污泥、垃圾飞灰、赤泥、建筑垃圾、磷渣、镍矿渣、煤矸石等工业固废制备了废物基地聚合物。国内外学者有关废物基地聚合物的研究重点主要集中在粉煤灰基地聚合物领域，但粉煤灰基地聚合物存在早期强度低、需要升温养护等问题，工业化生产困难。因此，以解决生产实践瓶颈技术为出发点，仍需要深入研究粉煤灰、粒化高炉矿渣、建筑垃圾再生微粉、脱硫石膏、钢渣等固废在地聚合物领域的应用技术。利用工业固废制备地聚合物基绿色胶凝材料技术，既可以利用大量的工业固废，减少对硅酸盐水泥的需求，又可大大减少重金属环境污染，有利于推动我国低碳经济的发展和推进"资源节约型、环境友好型"社会的建设。

(4) 改良土壤和生产化肥。许多工业固废中含有丰富的硅、钙以及各种微量元素，有些还含磷和其他有用成分，因此加工后用作化肥具有较好的效果，不但能提供农作物生长所需的营养，还能改良土壤，使作物产量增加。例如利用炉渣、粉煤灰、赤泥、黄磷渣、钢渣和铁合金渣等制作硅钙化肥，利用铬渣制造钙镁磷化肥等。

(5) 回收能源。一些工业固废具有潜在能源，可以加以利用。

目前，大宗工业固废综合利用基础性、前瞻性技术研发方面的投入仍然不够。今后大宗工业固废综合利用技术应按两种思路发展：①遵循减量化原则，推广用量大、成本低、经济效益好的综合利用技术；②遵循资源化原则，开发针对性更强、技术要求更高、附加值更高的高值利用技术。

2 建筑垃圾处理设备及工艺

2.1 建筑垃圾处理装备

对建筑垃圾进行资源化利用，宏观上可以分为前端处理和后端加工，其中前端处理可以分为预处理、破碎、分选等，后端加工是指将破碎处理所得再生骨料制备成各种再生制品，例如再生砖、再生混凝土、再生砂浆、保温砌块、混凝土预制构件等，也可以直接将再生骨料作为筑路材料或者制备成筑路材料。目前市面上的建筑垃圾处理装备可细化分为以下类别。

2.1.1 预处理类

（1）除土车

除土车的主要功能是将建筑垃圾中的废土筛除（图 2-1）。其具备以下优势：

① 连续性地装载上料，高效率筛分，除土干净；

② 是坚固、高产的筛分设备，倾斜式安装，集预筛分和堆料于一体；

③ 履带自移动，配备易于操作的筛箱举升机构及皮带机全自动伸、折调节机构；

④ 安装方便快捷，故障率低，维修简易；

⑤ 质量轻，体积小，运输、转场方便。

图 2-1 除土车

其性能参数见表2-1。

表2-1 除土车的性能参数

型号	WJC270	WJC380
喂料能力（t/h）	200	300
最大进料尺寸（mm）	500	600
产量（t/h）	80~200	150~400
整车动力/装机功率（kW）	94.3	182.4
整车质量（t）	约47	约63
工作长×宽×高（mm）	17200×4250×4400	19400×4550×4975
基本配置：带LCD显示器的PLC控制系统/带过压系统的双层电控柜、防尘、带锁/降尘用喷淋系统/专用工具箱。		

（2）三分离车

三分离车的主要功能是将建筑垃圾中的废土、砖、混凝土块三类分离（图2-2）。

三分离车是利用物料体积、密度的物理特性的差异，通过三分离模块，将建筑垃圾中的土、红砖、混凝土块三类分离。土等小颗粒骨料首先分离输出，红砖在振动给料中与混凝土剥离，达到设定体积要求后分离并输出，最终大块混凝土块从末端分离输出，三分离后的建筑垃圾资源才能各尽所用。

图2-2 三分离车

三分离车具有以下优势：

① 通过偏心式的振动给料、分拣单元模块，持续、高效地筛除土杂质，将红砖与混凝土剥离；

② 除土效率高，砖、混凝土分拣彻底，处理量大；

③ 能处理复杂性、多样性建筑垃圾原始物料；

④ 三分离设备运行可靠，结构合理，偏心盘磨损率低，持久耐用；

⑤ 移动便捷，可配备油、电动力两用，现场适用能力强。

2.1.2 破碎类

（1）颚式破碎机

颚式破碎机又称颚破、颚式碎石机，主要用于对原材料的中碎和细碎。破碎方式为曲动挤压式，具有破碎比大、产品粒度均匀、结构简单、工作可靠、维护简便、运营费用经济等特点，能将废弃混凝土块、柱、梁粗破碎，同时筛除废土、回收废金属。其广泛运用于矿山、冶炼、建材、公路、水利和化学工业等众多部门，破碎抗压强度不超过 320MPa 的各种物料。图 2-3 所示为轮胎式颚破车实物图。

图 2-3 轮胎式颚破车

① 颚式破碎机的显著优势如下：

a. 机组一体化，可直接作业，消除了烦琐的基础设施安装及工时消耗；

b. 配备可靠的 WJC 系列颚破主设备，破碎比大、强力破碎；

c. 车架底盘紧凑，缩短运输长度，机动灵活，造型时尚，满足客户需求，预筛分功能，使整机处理能力更强大；

d. 灵活机动的驻车功能，免基础施工，快速进入工作模式。

② 颚式破碎机的总成工作原理：电动机驱动皮带和皮带轮，通过偏心轴使动颚板上下运动，当动颚板上升时，肘板和动颚板间的夹角变大，从而推动动颚板向定颚板接近，与此同时物料被压碎或碾、搓达到破碎目的，当动颚板下降时，肘板与动颚板间的夹角变小，动颚板在拉杆、弹簧的作用下离开定颚板，使已破碎物料从破碎腔下口排出。随着电动机连续转动，而破碎机动颚板做周期性的压碎和排泄物料，进而实现批量生产。

(2) 履带式反击破车

履带式反击破车的主要功能是将建筑垃圾进行中、细破碎，同时筛除废土、回收废金属，广泛应用于矿山、建筑垃圾的循环再利用、土石方工程、城市基础设施、道路或建筑工地等场地作业。

TAF系列履带式移动破碎站是郑州鼎盛公司采用奥地利先进技术研发的新型移动破碎站（图2-4），该设备集受料、破碎、传送等工艺设备为一体，打破了国际垄断，具有产量高、体积小、能耗低、移动灵活、吃大料、可自动调节卡料等显著优势，可随时随地到拆迁现场对建筑垃圾进行就地粉碎，而且配置目前先进的抑尘系统，彻底改变了建筑垃圾资源化处置现场粉尘满天飞的窘况。

图2-4 履带式反击破车

TAF系列履带式移动破碎站由以下几部分组成：

① 喂料单元。连续、稳定喂料，保证生产线平稳运行。

② 预筛分单元。提前筛出土料、过细物料，减少破碎机无效通过量及后续筛分单元工作量。

③ 破碎单元。独特的破碎机腔型设计，根据产品需求全液压调节工作参数。

④ 液压启盖装置。液压启盖功能便于检修，减少检修时间，降低劳动强度。

⑤ 驱动单元。驱动系统可便捷实现油、电两用，适合不同的现场环境条件，实现成本低。

⑥ 永磁式磁选器。有效分选出物料中混合的钢筋、铁块、铁屑等金属。

⑦ 自行履带单元。500mm宽自行履带，可遥控操作在工地现场行走。

与同类产品相比，TAF系列履带式移动破碎站具有以下优势：

① 油电两用，灵活切换，可降低成本；

② 无扬尘系统，从源头抑制粉尘污染；

③ 钢筋切断装置，可避免破碎机堵塞；

④ 智能化系统，产量高、能耗低。

履带式反击破车的技术参数见表 2-2。

表 2-2 履带式反击破车的技术参数

型号	TAF270	TAF300	TAF340	TAF380	TAF430
喂料能力（t/h）	200	250	250	300	350
最大进料尺寸（mm）	400	500	500	600	600
产量（t/h）	100～200	120～220	150～250	180～280	200～320
整车动力/装机功率（kW）	237.4	257.4	287.4	330.9	365.1
整车质量（t）	约43	约48	约48	约53	约56
工作长×宽×高（mm）	14550×5950×4550	14550×5950×4550	14550×5950×4550	15490×5950×4550	15490×5950×4550
其余配置：带 LCD 显示器的 PLC 控制系统/带过压系统的双层电控柜、防尘、带锁、悬挂安装/降尘用喷淋系统/专用工具箱。					

(3) 轮胎式反击破车

WAF 系列轮胎式移动破碎站是郑州鼎盛公司开发推出的系列化建筑垃圾专用破碎设备，大大拓展了粗碎、细碎作业领域。它的设计理念是把消除破碎场地、环境、繁杂基础配置带给破碎作业的障碍作为首要的解决方案。本着物料"接近处理"的新概念原则。与同类产品相比，郑州鼎盛自主研发的 WAF 系列轮胎式移动破碎站融合了 AF 奥版反击式破碎机（单段细碎、工艺简单、出料细、过粉碎少、颗粒成型好）和移动式破碎站（移动方便、灵活性强、降低物料运输费用、一体化整套机组）的所有优点，在成品骨料粒度和产能上更具优势，破碎后的再生骨料可直接用于制砖。

根据不同的破碎工艺要求组成"先碎后筛"，也可以组成"先筛后碎"流程，WAF 系列轮胎式移动破碎站可按照实际需求组合为粗碎、细碎两段筛分系统，也可组合成粗、中、细三段筛分系统，具有很高的灵活性，能最大限度地满足不同客户的需要。图 2-5 所示为轮胎式反击破车实物图。

图 2-5 轮胎式反击破车

WAF系列轮胎式移动破碎站侧重于城市建筑废弃物的破碎，除了可用于建筑物拆除现场，能够出色完成建筑拆除物破碎工作外，也可就地用于现场的施工便道、基础回填，还可现场剔除混凝土中的钢筋，充分利用运输车辆的容积，以达到再生与环保的目的。WAF系列轮胎式移动破碎站具有以下几方面的性能特点：

① 主机采用AF奥版反击式破碎机，产量大、生产效率高，能快速收回成本。破碎机破碎比大，变三级破碎为一级破碎，可以实现粗、中、细碎一步到位，简化工艺流程。

② 能实现钢筋和混凝土完全分离。建筑垃圾破碎机具有钢筋切除装置，主机不会堵塞，在均整区的衬板上设计有退钢筋的凹槽，物料中混有的钢筋在经过这些凹槽后被捋出而分离，完全脱离钢筋和混凝土。

③ 生产出的再生骨料粒型好，有利于再生利用。建筑垃圾破碎机半敞开的排料系统，适合破碎含有少量钢筋的建筑垃圾，出料细、过粉碎少、颗粒成型好，特别适用于生产环保砖。

④ 更有利于进驻施工合理区域，为整体破碎流程提供更加灵活的空间和合理的布局配置。

⑤ 可针对客户对流程中物料类型、产品的要求提供更加灵活的工艺配置，满足用户移动破碎、移动筛分等各种要求，使生产组织、物流转运更加直接有效，成本得到更大的降低。

⑥ 一体化机组设备安装形式，消除了分体组件的繁杂场地基础设施安装作业，降低了物料、工时消耗；

⑦ 机组合理紧凑的空间布局，提高了场地驻扎的灵活性。

轮胎式反击破车的技术参数见表2-3。

表2-3 轮胎式反击破车的技术参数

型号	WAF270	WAF300	WAF340	WAF380	WAF430
喂料能力（t/h）	200	250	250	300	350
最大进料尺寸（mm）	400	500	500	600	600
产量（t/h）	100～200	120～220	150～250	180～280	200～320
整车动力/装机功率（kW）	237.4	257.4	287.4	330.9	365.1
整车质量（t）	约38	约42	约43	约46	约50
工作长×宽×高（mm）	14550×5950×4550	14550×5950×4550	14550×5950×4550	15490×5950×4550	15490×5950×4550

其余配置：带LCD显示器的PLC控制系统/带过压系统的双层电控柜，防尘、带锁、悬挂安装/降尘用喷淋系统/专用工具箱。

2.1.3 筛分类

（1）履带式圆振筛车

TAS系列履带式移动筛分站可直接开到现场，转场作业方便、筛分效率高、产量大，非常适合场地狭窄、城市拆迁等复杂地形区域作业，尤其适用于建筑垃圾处理，也可用于对矿物和硬岩筛分、砂石骨料生产，能够完全满足客户的移动筛分要求。其主要功能是将建筑垃圾中不同粒径的骨料筛分分级（图2-6）。其显著优势如下：

① 自动化筛分运动和调节，筛分效率最大化；

② 筛箱倾斜角度可通过液压举升装置在20°内多角度调节；

③ 履带自移动，卸料带式输送机的角度可通过液压装置调节；

④ 低噪声、低排放；

⑤ 无须安装，即到即用，操作便捷。

图2-6 履带式圆振筛车

（2）轮胎式圆振筛车

轮胎式圆振筛车的主要功能是将建筑垃圾中不同粒径的骨料筛分分级。其主要特点如下：

① 自动化筛分运动和调节，筛分效率最大化；

② 筛箱倾斜角度可通过液压举升装置在20°内多角度调节；

③ 卸料带式输送机的角度可通过液压装置调节；

④ 低噪声、低排放；

⑤ 轮胎行走，灵活机动的驻车功能，免基础施工，快速进入工作模式。

（3）滚筒筛车

滚筒筛车的主要功能是将建筑垃圾中的生活垃圾及大块轻物质预筛分离。其主要特点如下：

① 超大进料仓，增加储料和上料能力；

② 链板机上料，运行平稳可靠，使用范围广，输送能力强；

③ 分离建筑垃圾中的生活垃圾，提前分离大块生活垃圾；

④ 滚筒筛筛孔不易堵塞，运行平稳，噪声较低，筛分筒封闭，密闭收尘；

⑤ 采用特质筛网，筛分效率高，使用寿命长；

⑥ 整机可靠性高，一次性投资较少。

2.1.4 分离类Ⅰ

(1) 空气单分离车

空气单分离车的主要功能是用高压空气分离骨料中的轻飘物。其主要特点如下：

① 配备主机设备轻物质分离器；

② 循环风设计，减少扬尘，提高设备效率；

③ 一次除杂率可达90%以上，并可多级串联，在很大程度上保证除杂效果；

④ 保证建筑垃圾成品骨料的洁净度；

⑤ 设计理念先进，维修方便，电动机消耗低。

图2-7所示为空气单分离车实物图。

图 2-7 空气单分离车

空气单分离车的主要技术参数见表2-4。

表 2-4 空气单分离车的技术参数

主机设备配备风机型号	9-26-No4.5A-7.5kW
主机功率 (kW)	7.5×2
主机转速 (r/min)	2900
风压 (Pa)	3130～3685
风量 (m³/h)	4910～4776

(2) 浮选单分离车

浮选单分离车的主要功能是利用水浮力分离骨料中的木材等轻杂物。其主要特点如下：

① 水循环利用系统，减少污水排放，环保，节约水资源；

② 分离效果好，能有效清除再生骨料中的大中型木板、塑料、布条等废料；

③ 对再生骨料有搓洗作用，提升骨料的洁净度；

④ 拥有良好的结构布局、有效的密封设计，经久耐用，耗水量低，工作噪声小，非常利于环保设计；

⑤ 结构紧凑，空间占用小，轮胎行走，无须基础施工，即到即用。

图 2-8 所示为浮选单分离车实物图。

图 2-8 浮选单分离车

浮选单分离车的主要技术参数见表 2-5。

表 2-5 浮选单分离车的技术参数

最大进料（mm）	≤60
处理量（t/h）	50～200
水槽容量（t）	3.6
装机功率（kW）	18
外形尺寸（m）	8.5×3.1×4.25

2.1.5 分离类Ⅱ

（1）联合分离车

联合分离车的主要功能是用风选和浮选联合去除骨料中的各类轻物质。其主要特点如下：

① 经过风选、水浮选两次筛选，提高建筑垃圾再生骨料的洁净度，杂质分离率接近100%，解决了一大环保问题，经济效益显著；

② 扁平化收缩结构，给主机减轻了质量，便于履带带动和整机长距离运输；

③ 采用履带式行走，在恶劣的环境下行走自如，可为快速转移生产现场节省时间；

④ 新型的大倾角皮带机尺寸小而紧凑,转角处有全新设计的转向滚轮,不用润滑,密封严密,避免了传统大倾角皮带机尺寸偏大、转向处易堵料的缺点;

⑤ 节省空间和车架长度,使整车结构更加轻而合理。

图 2-9 所示为联合分离车实物图。

图 2-9 联合分离车

联合分离车的主要技术参数见表 2-6。

表 2-6 联合分离车的技术参数

项目	单位	TLF250
运输尺寸	mm	14500×6770×3250
质量	t	14
最大进料	mm	≤60

(2) 浮选分离车

区别于浮选单分离车,浮选分离车的主要功能是用水擦洗小尺寸骨料并分选出轻物质。其主要特点如下:

① 结构简单,性能稳定,叶轮传动轴承装置与水和受水物料隔离,大大避免了轴承因浸水、砂和污染物导致损坏的现象发生;

② 中细砂和石粉流失极少,所洗建筑砂级配和细度模数达到《建设用砂》(GB/T 14684—2011)和《建设用卵石、碎石》(GB/T 14685—2011)的要求;

③ 浮选分离车除筛网外几乎无易损件,使用寿命长,长期不用维修。

图 2-10 所示为浮选分离车实物图。

浮选分离车的主要技术参数见表 2-7。

图 2-10 浮选分离车

表 2-7 浮选分离车的技术参数

型号规格	螺旋直径(mm)	水槽长度(mm)	入选粒度(mm)	电机功率(kW)	耗水量(kg/t)	处理能力(t/h)
WGXS-920	920	7585	≤10	11	10~80	100
W2GXS-920	920	7585	≤10	2×11	20~160	200
WGXS-1120	1120	9750	≤10	18.5	20~150	175
W2GXS-1120	1120	9750	≤10	2×18.5	40~300	350

2.1.6 制砂类

(1) 整形制砂车

整形制砂车的主要功能是将建筑垃圾骨料制取机制砂。以德国 BHS 转子离心式制砂机为主机的新型移动粉碎制砂车，大大拓展了制砂作业概念领域。新型移动制砂车是站在客户的立场，把消除破碎场地、环境、繁冗基础配置带给客户破碎作业的障碍作为首要的解决方案。其主要特点如下：

① 因高制砂率、大进料口、低磨损等显著优势而被称为"制砂车中的奔驰"；

② 适用于所有类型的矿物破碎和整形：从软质物料到硬质物料，无论是低磨损还是极高磨损的材质；

③ 主机设备 BHS 制砂机，与 VSI 制砂机相比，生产能力提高 1 倍以上，给料尺寸提高 1 倍，转子磨损降低 50% 以上，能耗降低 50% 以上，而且无堵塞生产；

④ 与颚破车搭配使用，可实现两级制砂，无须二段圆锥破车；

⑤ 选用筛分盒模块，无须筛分工况下，可快速拆卸，体积小、运行稳定、筛分大块物料效率高。

图 2-11 所示为整形制砂车实物图。

图 2-11 整形制砂车

整形制砂车的主要技术参数见表 2-8。

表 2-8 整形制砂车的技术参数

型号	主机 BHS 转子尺寸 (转子直径×高度，mm)	整机驱动功率（kW）	进料粒度（mm）	处理量（t/h）
WR0900	930×220	110～160	56～70	30～90
WR1200	1200×220	180～420	80～100	100～400

（2）干湿制砂车

干湿制砂车的主要功能是将建筑垃圾骨料制取机制砂。其主要技术特点如下：

① 高速制砂机，干、湿式两用制砂车，湿式制砂时产量更大，制砂率提高30%，耐磨件磨损率低，湿性物料可控制扬尘；

② 成品砂品位更高，杂质少、干净，外观更美观，有益于提升经济效益；

③ 机制砂粗、细均匀，防止粗料、细料离析分离；

④ 结构紧凑，空间占用小，采用轮胎行走，可节省转换场地的时间。

2.1.7 联合类

（1）联合破筛车 A 型

联合破筛车 A 型的主要功能是将破碎、筛分功能合二为一。其主要技术特点如下：

① 底盘采用履带式全刚性船形结构，强度高、通过性好、适应能力强；

② 重型振动给料机带有预筛分，可将不需破碎的细物料从侧带式输送机排出；

③ 破碎、筛分设备均选用较为成熟的产品，结构紧凑、可靠、性能良好；

④ 选用筛分盒模块，无须筛分工况下，可快速拆卸、体积小、运行稳定、筛分大块物料效率高；

⑤ 具有很高的灵活性，能满足不同客户的需求。

表 2-9 所示为联合破筛车 A 型的技术参数。

表 2-9　联合破筛车 A 型的技术参数

项目	单位	WL150	WL250
运输（长×宽×高）	mm	18060×2610×4400	19284×2902×4400
质量	t	43	55
最大进料	mm	不大于 100	不大于 100
处理量	t/h	150	250

图 2-12 所示为联合破筛车 A 型实物图。

图 2-12　联合破筛车 A 型

(2) 联合破筛车 B 型

联合破筛车 B 型具有二合一功能，生产能力大，模块化，是移动建筑垃圾破碎筛分站。其主要技术特点如下：

① 破碎产量大，机动灵活，性价比高，投资少，生产成本低；

② 可将建筑垃圾一步到位加工成混凝土、砂浆、砌块砖骨料及道路路基、水稳材料等智能化变频电控，自动寻优，省电节能；

③ 可便捷配接轻物质分离器及抑尘机，实现精品砂石料的清洁化生产；

④ 消除破碎场地、环境、繁杂基础配置带给客户破碎作业的障碍；

⑤ 先破后筛，大块物料返回重新破碎，破碎、筛分二合一，满足客户中小产量需求、经常移动作业环境。

2.1.8　专用类

(1) 混凝土破筛车

混凝土破筛车的主要功能是将废弃混凝土块、柱、梁破碎和筛分二合一。其主要特点如下：

① 针对建筑垃圾中的混凝土块、柱、梁破碎筛分的专用处置设备；
② 破碎、筛分设备均选用较为成熟的产品，结构紧凑、可靠，性能良好，破碎、筛分二合一，满足客户需求；
③ 处理量大，先破后筛，一步到位直接获取成品；
④ 采用中奥技术合作反击破，产出成品呈立方体，无张力及裂缝，粒型相当。

表 2-10 所示为轮胎式移动混凝土破筛车的技术参数。

表 2-10 轮胎式移动混凝土破筛车的技术参数

项目	单位	WL270	WL380
处理量	t/h	200	300
装机功率	kW	262.7	394.2
适配发电机组	kW	350	500
工作外形尺寸（长×宽×高）	mm	19400×11800×5880	20400×12800×6085
运输外形尺寸（长×宽×高）	mm	15500×3000×4200	16500×3220×4200

图 2-13 所示为混凝土破筛车实物图。

图 2-13 混凝土破筛车

（2）皮革撕裂车

皮革撕裂车的主要功能是将建筑骨料中废弃皮革等杂物撕裂处理，集中回收。其主要特点如下：

① 是针对生活垃圾中的皮革进行撕裂的专用处置设备；
② 皮革专用撕裂车采用双刀轴式机构，使用多片多爪式刀具，并与刀轴配合多角度变化，切削时省力，切削力强，展现强劲的破碎能力；
③ 主机设备的低转速及高扭力之设计，提供较低噪声及较少扬尘量，提高良好的工作环境；
④ 处理量大，撕碎后运输方便，可有效降低运输成本，增加运输效率，方便二次处理；

⑤ 轮胎行走，灵活机动的驻车功能，免基础施工，快速进入工作模式。

图 2-14 所示为皮革撕裂车实物图。

图 2-14 皮革撕裂车

(3) 泥浆脱水车

泥浆脱水车主要用于现场污、淤泥脱水。其主要技术特点如下：

① 机动灵活，无须土建，可减少大量成本投入，设备到场即可投入生产；

② 进泥条件不受限制，处理后含水率低且稳定；

③ 运行效率高，运行费用低，运行费用约为其他工艺技术的 2/3~1/2；

④ 不加三氯化铁，不加石灰，环境友好，无噪声污染；

⑤ 能够真正达到污泥处理处置"无害化、减量化、资源化、稳定化"的要求。

表 2-11 所示为泥浆脱水车的主要技术参数。

表 2-11 泥浆脱水车的主要技术参数

型号	YZ12-30	YZ12-45	YZ12-60	YZ12-80	YZ15-100	YZ15-120	YZ15-150
过滤面积（m²）	30	45	60	80	100	120	150
污泥处理量（kg/次）（以80%含水率计）	830	1250	1680	2250	2800	3300	4200
产出干泥量（kg/次）（以50%含水率计）	330	500	670	900	1100	1300	1700
滤饼厚度（mm）	15~30	15~30	15~30	15~30	15~30	15~30	15~30
进料压力（MPa）	<2	<2	<2	<2	<2	<2	<2
压榨压力（MPa）	5~7	5~7	5~7	5~7	5~7	5~7	5~7
油泵功率（kW）	11+3	11+3	11+3	15+4	18.5+7.5	18.5+7.5	18.5+7.5
主机质量（t）	19.7	24.9	31	38	47	53	62

图 2-15 所示为泥浆脱水车实物图。

2 建筑垃圾处理设备及工艺

图 2-15 泥浆脱水车

（4）砂粉车

砂粉车的主要结构为"三低"脱硫制粉机组。其主要技术特点如下：

① 为适应石灰石、石膏、原煤等基础工业原料进一步简化粉碎作业流程而开发，可取代传统的三级破碎作业系统，是"多破少磨"提高粉磨效率的利器；

② 低电耗：比常规投资节约 30% 以上；

③ 低超细粉：将造成浪费与二次污染的超细粉控制在 10% 以内；

④ 低投资：比常规设备节电 40% 以上。

图 2-16 所示为砂粉车实物图。

图 2-16 砂粉车

2.1.9 环保类

（1）抑尘车

抑尘车的主要功能是提供干雾、泡沫高效抑尘。其主要技术特点如下：

① 采用芬兰 BME 技术，从源头抑制粉尘污染；

29

② 实现作业现场粉尘排放达到国家排放标准，设备国产化后造价及运营成本降低 2/3 以上；

③ 把泡沫抑尘和干雾抑尘结合起来，集成在一个系统中，泡沫抑尘和干雾抑尘联合使用，抑尘效果更加明显，抑尘使用成本大幅度降低；

④ 抑尘系统高度集成，购置成本更低，使用更加方便。

表 2-12 所示为履带式移动抑尘车的主要技术参数。

表 2-12　履带式移动抑尘车的主要技术参数

TBY 系列履带式移动抑尘车		
项目	单位	TBY250
储水量	t	3
耗水量	t/h	3
装机功率	kW	30
外型尺寸（长×宽×高）	mm	6650×3100×3000

图 2-17 所示为履带式移动抑尘车实物图。

图 2-17　履带式移动抑尘车

(2) 除尘车

除尘车的主要功能是提供干雾、泡沫高效抑尘。其主要技术特点如下：

① 率先把环保除尘设备研发升级为可移动化环保设备；

② 除尘设备模块化，根据不同客户现场使用需求合理配备不同的环保设备；

③ 除尘器本体不用电，没有机械运动旋转机构，没有易损部件，不会产生机构运动旋转故障；

④ 除尘器声波效能高、功率大、频带宽，清灰效果显著；

⑤ 采用履带式自驱动行走，在恶劣的环境下行走自如，在建筑垃圾处置现场，可快速移动位置。

2.1.10 管理类

管理类车辆主要是巡逻保障车。巡逻保障车的主要功能为现场巡逻保障。其主要技术特点如下：

① 具有点、线、面抑尘，巡检，维修等多项功能；

② 保障野外作业、巡检、维保的高效装备；

③ 底盘采用履带式全刚性结构，强度高、通过性好、适应能力强；

④ 多种模块可选配、订制、加装，满足客户多样化需求。

2.1.11 辅助类

（1）移动堆料车

移动堆料车主要用于输送、堆高物料。其主要技术特点如下：

① 悬臂可伸缩、旋转、俯仰，旋转角度为±60°，俯仰角度5°～20°；

② 配备履带行走系统，可适应各种复杂的工况路面；

③ 灵活的伸缩特性使其在堆料的过程中不需要频繁移动设备；

④ 径向回转进行圆弧堆料，可以有效地增加作业面积及堆高的连续性；

⑤ 堆料能力为1200～7500t；

⑥ 输送量最大可达500t/h；

⑦ 卸料高度范围为6600～7500mm。

图2-18所示为移动堆料车示意图。

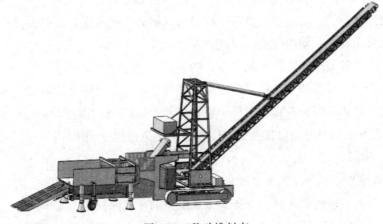

图2-18 移动堆料车

（2）移动取料车

移动取料车用于骨料全自动高效装车。其主要技术特点如下：

① 是可移动，大宗散状物料连续装卸的高效设备；

② 利用斗轮连续取料，履带行走，伸缩输送带传输；

③ 整机移动非常方便，适用任何环境的石料装车作业、拌和站的上料；

④ 输送带可自动调节高低，前端长度可伸缩，装车时货车不必移动；

⑤ 回转半径大、生产效率高、低能耗、高自动化，操作容易，维修方便，使用安全；

⑥ 广泛应用于长形原料场，可满足直通、折返等多种料场工艺。

图 2-19 所示为移动取料车实物图。

图 2-19　移动取料车

2.1.12　选配类

（1）静音发电车

静音发电车属于一种低噪声发电车。其主要技术特点如下：

① 采用隔震、消声、隔声、吸声等降噪技术措施，使其噪声指标大大降低；

② 电站移动性好，使用性强，供电迅速；

③ 拥有多层屏蔽阻隔错配式隔声罩，内置式大型阻抗式消声器；

④ 箱体全部为可拆卸式结构，表面涂有高性能防锈漆，同时具备降噪和防雨功能；

⑤ 同时在箱体上开有观察窗和机组紧急停机故障按钮，以便观察机组的运行情况及在机组出现紧急情况时，以最快的速度停机，避免机组受到损坏；

（2）隔声厢式车

隔声厢式车属于一种全封闭降噪、抑尘厢。其主要技术特点如下：

① 是为建筑垃圾资源化移动装备而专属配备的环境保护罩；

② 提供全封闭工况环境，抑尘、降噪、拒绝扰民、拒绝粉尘二次污染；

③ 为不同客户不同生产线量身定制，满足客户多种需求，可定制个性化涂装；

④ 吊装、转运方便，后期封装时间短，不影响生产；

⑤ 顶部及侧部开启方便，不影响设备检修及配件更换作业；

⑥ 结构强度高，空间密闭，对工作人员的人身安全、生命财产起到保护作用。

图 2-20 所示为隔声厢式车实物图。

图 2-20　隔声厢式车

2.1.13　制品类

(1) 移动制砖车

移动制砖车的主要功能为半固定式、可移动制砖。其主要技术特点如下：

① 整体布局较好，工艺路线流畅；

② 移动性好：建筑垃圾制砖机可以随用随走地进入拆迁现场、建筑施工工地，场地大概平整一下就可以制砖作业；

③ 环保性好：噪声小、灰尘少、污染小，适合建筑垃圾处置现场的生产作业；

④ 经济性好：建筑垃圾制砖机占地面积小，无须固定场地，土地基建投资成本小；

⑤ 移动式建筑垃圾制砖机可以直接驶入拆迁现场，实现了由传统的"建筑原料—建筑物—建筑垃圾"向"建筑原料—建筑物—再生原料—新生产品"新型建材产业链和循环经济、低碳经济生产运营模式的转变。

图 2-21 所示为移动制砖机实物图。

(2) 移动拌和车

移动拌和车为可移动的混凝土拌和设备。其主要技术特点如下：

① 将物料储料、称量、输送、搅拌、卸料及全自动控制系统整体集中于一个拖挂单元的混凝土生产设备；

② 与固定式全自动搅拌站的所有动作过程、操作方式、维修保养完全相同；同时具备移动灵活、拆装迅捷简便、存放管理简单等独有的特点；

③ 全套设备通过全挂形式可快速运到施工工地并现场组装就位，无须调试即可施工；

④ 自动化程度高、机动性能强、操作简单、稳定性好；

⑤ 占地少且转场移动方便，使基础工程量大为减少。

图 2-21　移动制砖机

2.2　建筑垃圾破碎生产线

2.2.1　固定式建筑垃圾生产线

(1) 传统建筑垃圾生产线（图 2-22）

传统建筑垃圾生产线系统以颚破、反击破配置为主，配以相应的除铁、除土设备。

图 2-22　传统建筑垃圾破碎现场

(2) 单段式建筑垃圾生产线

郑州鼎盛工程技术有限公司专利产品——单段反击式锤破（图 2-23），其具有进料比大、破碎比大、产量大、功率低等优点，只用一台主机就可以替代传统模式破碎机，简化工艺流程，变多级破碎为一级破碎，成本降低 26%，产量增加 12%。

（3）固定式建筑垃圾生产线的优点

厂区规划科学、形象好；用水、用电方便；粉尘可以得到很好的治理；噪声污染可以得到很好的治理；原材料和再生骨料得到很好的储存。

（4）固定式建筑垃圾生产线的缺点

基础建设投资大；施工周期长；不可移动作业，对原料开采局限性大；人工成本高；环保投入大。

图 2-23 单段反击破建筑垃圾破碎现场

2.2.2 移动式建筑垃圾生产线

（1）轮胎式移动破碎站（图 2-24）

轮胎式移动破碎站是郑州鼎盛工程技术有限公司开发的系列化、新颖的岩石破碎设备，大大拓展了粗碎、细碎作业领域，把消除破碎场地、环境、繁杂基础配置等带给客户破碎作业的障碍作为首要的解决问题，是真正为客户提供简捷、高效、低成本的项目运营硬件设施。

图 2-24 轮胎式移动破碎站

轮胎式移动破碎站具有以下性能特点：移动性强；一体化整套机组；降低物料运

输成本；组合灵活，适应性强；作业直接有效；采用一体化机组设备安装形式，消除了分体组件的繁杂场地基础设施安装作业，降低了物料消耗，减少了工时。

（2）履带式移动破碎站（图2-25）

履带式移动破碎站采用液压驱动的方式，该设备技术先进、功能齐全，在任何地形条件下，均可到达工作场地的任意位置，达到国际同类产品水平。采用无线遥控操纵，可以非常容易地把破碎机开到拖车上，并将其运送至作业地点。无须装配时间，设备一到作业场地即可投入工作。

图2-25 履带式移动破碎站

履带式移动破碎站的性能特点如下：

① 噪声小、油耗低，真正实现了经济环保。整机采用全轮驱动，可实现原地转向，具有完善的安全保护功能，特别适用于场地狭窄、复杂区域。

② 性能可靠，维修方便。履带式移动破碎站配置PE系列、PP系列、HP系列、PV系列破碎机，破碎效率高，功能多、破碎产品质量优良，具有轻巧合理的结构设计、卓越的破碎性能、可靠稳定的质量保证，能最大范围地满足粗、中、细物料破碎筛分要求。

③ 底盘采用履带式全刚性船形结构，强度高，接地比压低，通过性好，对山地、湿地有很好的适应性。

④ 是集机、电、液一体化的典型多功能工程机械产品。其结构紧凑、整机外形尺寸有大、中、小不同型号。

⑤ 运输方便，履带行走不损伤路面，配备多功能属性，适应范围广。

⑥ 一体化成组作业方式，消除了分体组件的繁杂场地基础设施及辅助设施安装作业，降低了物料、工时消耗。机组合理紧凑的空间布局，最大限度地优化了设施配置在场地驻扎的空间，拓展了物料堆垛、转运的空间。

⑦ 机动性好。履带式移动破碎站更便于在破碎厂区崎岖、恶劣的道路环境中行驶，

为快捷地进驻工地节省时间,更有利于进驻施工合理区域,为整体破碎流程提供更加灵活的作业空间。

⑧ 降低物料的运输费用。履带式移动破碎站本着物料"接近处理"的原则,能够对物料进行第一线的现场破碎,免除物料运离现场再破碎处理的中间环节,极大地降低物料的运输费用。

⑨ 作业作用直接有效。一体化履带式移动破碎站可以独立使用,也可以针对客户对流程中的物料类型、产品要求,提供更加灵活的工艺方案配置,满足用户移动破碎、移动筛分等各种要求,使生产组织、物流转运更加直接有效,最大化地降低成本。

⑩ 适应性强,配置灵活。履带式移动破碎站可提供简捷、低成本的特色组合机组配置,针对粗碎、细碎筛分系统,可以单机组独立作业,也可以灵活组成系统配置机组联合作业。料斗侧出可为筛分物料输送方式提供多样配置的灵活性,一体化机组配置中的柴油发电机除给本机组供电外,还可以针对性地给流程系统配置机组联合供电。

2.3 建筑垃圾处理工艺

2.3.1 工艺布置

(1) 生产线工艺简述

① 建筑垃圾进入生产线之前先预处理,将超尺寸物料破碎成符合设备进料尺寸的大小;

② 经过预处理后的原料由铲车倒入生产线的原料仓;

③ 料仓内的物料进入振动筛分喂料机后,喂料机前端篦条将物料分成两种物料:<50mm 的物料和>50mm 的物料,其中<50mm 的物料经皮带输送机送至除土筛,经除土筛筛分出>15mm 和<15mm 两种物料,其中<15mm 的物料作为废土经由输送机输送至废土区,>15mm 的物料被送至反击式破碎机上料皮带;

④ 物料通过初碎后的物料由出料机均匀喂入皮带输送机送出,皮带输送机上悬挂有强磁除铁器,当物料经过除铁器时将里面混合的含铁物质去除,分离出来的铁集中收集并打包处理,除铁后的物料随皮带输送机被送至人工分拣平台,对物料中的轻物质及其他杂质进行人工分选;分拣房内采用加宽低速的胶带输送机,物料在输送机上面分布均匀,大部分的大块木块、纸屑、碎布等可以被轻松分拣出来[21-22];

⑤ 经过人工分选后的物料进入反击式破碎机进行二次破碎,破碎过的物料进行第二次除铁,经过多次除铁,物料里的含铁物被清除干净,物料被送至圆振筛进行分级筛分,生产线中经除铁器磁选出来的含铁物被集中收集打包成型,便于运输和存放;

⑥ 进入圆振筛的物料被分为 0~5mm、5~10mm、10~37.5mm 三种粒径,其中

＞37.5mm 的物料通过皮带输送机送至反击式破碎机形成闭路循环，0～5mm、5～10mm、10～37.5mm 的物料分别经过皮带输送机送至成品区；

⑦ 整个生产线所有设备均采用密封连接防止溢尘，粉尘经过布袋收尘器，达到国家环保标准后直接排空。

（2）生产设备

生产线采用一级破碎，主机使用郑州鼎盛工程技术有限公司生产的给料机、建筑垃圾专用破碎机和振动筛分设备、轻物质分离设备和砖混分离设备，除尘采用芬兰BME公司先进的环保除尘设备。具体设备为：

① 振动喂料、振动筛分设备；

② 无缠绕单段反击破碎机；

③ "亚飞"轻物质分离器；

④ 砖混分离设备；

⑤ BME粉尘抑制系统。

2.3.2 建筑垃圾破碎

AF250破碎机是由郑州鼎盛工程技术有限公司研发的AF系列建筑垃圾破碎机，是国内唯一一款具有钢筋切除装置的建筑垃圾专用破碎机。其特点如下：

（1）带有钢筋切除装置，主机不会堵塞；

（2）变三级破碎为一级破碎，简化工艺流程；

（3）出料细、过粉碎少、颗粒成型好；

（4）半敞开的排料系统，适合破碎含有钢筋的建筑垃圾；

（5）破碎机匀整区的衬板上设计有钢筋的凹槽，物料中混有的钢筋在经过这些凹槽后被捋出而分离；

（6）配套功率小、耗电低、节能环保；

（7）结构简单、维修方便、运行可靠、运营费用低。

2.3.3 破碎后物料筛分

郑州鼎盛工程技术有限公司生产的YK高效圆振筛为国内新型机种，该机采用偏心块散振器及轮胎联轴器，经多条砂石及建筑垃圾生产线生产实践证明，该系列圆振动筛具有以下性能特点：

（1）通过调节激振力改变和控制流量，调节方便、稳定；

（2）振动平稳、工作可靠、寿命长；

（3）结构简单、质量轻、体积小，便于维护保养；

（4）采用封闭式结构机身，防止粉尘污染；

（5）噪声低、耗电小、调节性能好，无冲料现象。

2.3.4 钢筋处置

经由建筑垃圾破碎机处置后的钢筋多是小段钢筋，经磁选设备选出后放入液压打包机打包处理。钢筋处置的工艺特性如下：

(1) 破碎机钢筋切断装置剔除钢筋；
(2) 多级电磁除铁，磁选分拣；
(3) 输送过程中人为分拣；
(4) 最后液压打包，码垛堆放。

2.3.5 骨料洁净处理

"亚飞"轻物质分离器是郑州鼎盛工程技术有限公司研发的具有专利技术的产品，垃圾分离效率超过90%，超出同行轻物质分离率30%以上，创造了国内目前最好分离效果，在轻物质分离设备的创新方面取得重大突破。其特点如下：

(1) 循环风设计可减少扬尘，提高设备效率；
(2) 单次除杂率可达90%以上，并可多级串联，最大限度上保证除杂效果；
(3) 保证建筑垃圾成品骨料的洁净度；
(4) 设计理念先进；
(5) 维修方便，电动机消耗低。

"亚飞牌"轻物质分离器由于受条件限制，一直被用在固定式建筑垃圾破碎、制砖生产线中，目前，郑州鼎盛工程技术有限公司已在"亚飞"轻物质分离器的基础上，成功研发出风选式轻物质分离器，并成功应用在移动式建筑垃圾破碎生产线中。

2.3.6 环保方面设计

环保方面设计采用芬兰进口 BME 除尘设备，应用生物纳膜抑尘、收尘封、云尘封和易尘封技术，系统投资成本低、生产成本小、占地面积小、无粉尘收集处理困扰。

为了有效地控制粉尘的排放量，减少其对周围环境的影响，环保设计采取以防为主的方针，设计了工艺设计料堆防尘、破碎源头降尘和收集泄漏的少量粉尘三级除尘处理方案。

(1) 破碎车间除尘方案

破碎车间的粉尘具有进料粒度大、排料粒度大、破碎比小、建筑垃圾通过能力大、破碎腔落差大、速度高的特点，因此粉尘以大颗粒物为主。针对大颗粒物的处理，BME 设计具体的除尘方案如下：

① 使用一台百诺抑尘机 Hybrid 对该段破碎所产生的粉尘进行处理。该机型同时具备喷射纳膜和干水雾两种特性。在振动筛分喂料机及建筑垃圾倒料口处喷射水雾对物料进行初步润湿，捕捉扬尘可以很好地解决细颗粒物扩散的问题并进行包裹加强，对

物料在振动以及下落时碰撞产生的粉尘进行捕捉和团聚；同时在颚式破碎机进料口喷洒生物纳膜，与大块建筑垃圾一起进入破碎机，在破碎过程中进行混拌，由此对产生的粉尘进行吸附和包裹，从而加大灰尘的质量，形成凝聚和沉降作用，加快其下落速度。

② 在破碎机落料口的输送带安装使用 12m 易尘封（不含钢架主板），满足落料口完全密封的要求，加强粉尘凝聚和沉降作用，确保该处粉尘不再飘扬。

③ 在破碎机下料口设计安装一台收尘封 TF-37，用于抽取颚式破碎机下料口的粉尘，这部分结构冲击力较大、产尘量较大且扩散速度快。通过该机器的疏导，可确保包裹后的粉尘在易尘封中沉降，且残留的含尘空气被抽取后通过 3 次水幕淬洗，完全过滤灰尘后排放，水中沉积下的粉尘形成泥屑，经专用皮带排出后做统一处理。

（2）筛分车间除尘方案

筛分车间的粉尘浓度大，且细粒级含量多、飞逸性强、覆盖面积大，处理难度极大，历来为粉尘处理的难点。为此，BME 设计除尘方案如下：

对于筛分部分，由于经过前期纳膜的包裹和处理，在筛分处几乎没有建筑垃圾新断裂的情况出现，故此只需做一些预防性和补充处理即可，这也是抑尘技术最大的优势。为了进一步加强除尘效果，共用百诺抑尘机，该设备可喷射超细荷电干雾，雾粒直径仅为 $5\sim100\mu m$，对于同等直径的灰尘具有很强的捕捉能力，可以很好地解决超细颗粒物扩散的问题，雾粒对物料进行包裹加强，并对在振动以及下落时碰撞产生的粉尘进行捕捉和团聚，加强后续效果。

2.3.7 信息化、智能化设计

生产线可预留配备相应的数据算法及生产工艺数据，能根据喂料、破碎、筛分、输送等模块的数据化反馈，调整相应的设备运转状况，从而达到各个模块相互匹配的理想化生产状态，相较于传统生产线的现场观察，调整能够提高整条生产线运转效率20%。其具备以下特点：

（1）各个设备工艺状况上相互配备，达到最优生产状况；

（2）根据生产状况的不同，自动寻找最优生产工艺状态，显著提高生产效率；

（3）智能化锤头：及时反馈锤头磨损情况和调整出料粒度并及时反馈整条生产线运营状况，进行自动寻优调整；

（4）远程监控、预警、诊断：可以通过手机、平板电脑等电子工具对现场生产状况进行了解，根据现场反馈的情况及时与现场沟通，便于管理；

（5）ERP（企业资源计划）、SCM（供应链管理）、CRM（客户关系管理）系统：可根据客户要求对 ERP 管理系统里的内容进行设定，并进行数据存档和远程反馈，如日报表、周报表和销售报表等生产数据，便于管理人员对生产状况的把握和调整检测，有效提高企业生产管理水平。

2.4 国内外建筑垃圾再生骨料生产工艺流程

(1) 日本

在日本,生产再生骨料的工艺流程中比较成熟的技术为块体破损、骨料筛分,所以在加工过程中重点对废弃混凝土的筛选、清洁、冲洗等步骤的质量进行认真检查,生产工艺流程如图 2-26 所示。其生产过程可划分为三个步骤[23]:

① 预处理阶段:首先将废弃混凝土中的废物去除,然后将其放入颚式破碎机中,破碎成粒径约为 40mm 的颗粒;

② 碾磨阶段:在转动的偏离筒中加入预处理阶段得到的颗粒,使颗粒之间互相撞击、摩擦,从而将黏附于颗粒表面的水泥浆去除;

③ 筛分阶段:筛分前一阶段得到的颗粒,将砂、水泥等微小颗粒去除后剩下的就是再生骨料。

拥有填充型加热装置是该生产工艺最明显的特色,通过加热、二级破碎及筛分后可以得到质量较高的产品,与此同时成本也会相应增加。

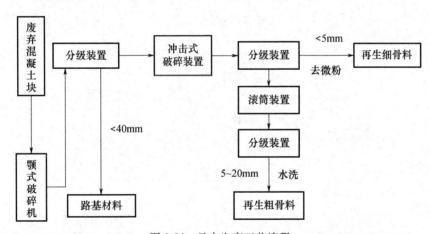

图 2-26 日本生产工艺流程

(2) 德国

德国生产工艺流程如图 2-27 所示。用颚式破碎机对废弃混凝土进行破碎,然后进行筛分,最后得到 0~4mm、4~16mm、16~45mm 以及 45mm 以上的颗粒级配[24]。

(3) 国内破碎工艺

我国研究废弃混凝土的时间相对较晚,主要采用破碎、筛分两种方式,和国外对比缺少强化处理阶段。史巍等在生产再生骨料的过程中设计了风力分级设备,如图 2-28 所示,将粒径为 0.15~5mm 的颗粒用(风力分级、吸尘)设备分出来,该设计为我国对再生细骨料进行循环利用奠定了基础。

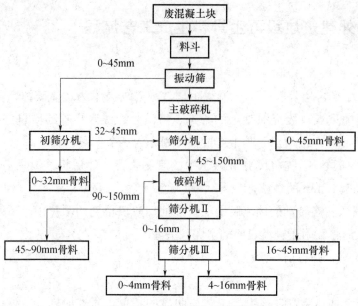

图 2-27 德国生产工艺流程

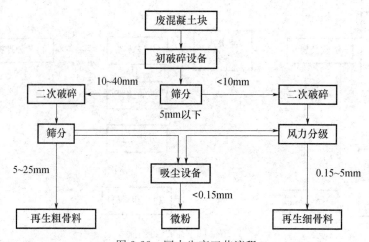

图 2-28 国内生产工艺流程

3 建筑垃圾再生骨料

3.1 建筑垃圾再生骨料概述

骨料是指混合料中起骨架或填充作用的粒料,包括由岩石天然风化而成的砾石(卵石)和砂,以及由岩石经人工轧制的各种尺寸的碎石、机制砂、石屑等。

骨料可作混合料的填充物,工程上一般将骨料分为粗骨料和细骨料两类。

建筑垃圾再生骨料定义如下:由建(构)筑废物中的混凝土、砂浆、石、砖瓦等加工而成,用于配制混凝土的颗粒。建筑垃圾再生骨料分为再生粗骨料和再生细骨料[25]。

(1) 建筑垃圾再生粗骨料

在沥青混合料中,再生粗骨料是指粒径大于2.36mm的建筑垃圾再生颗粒;在水泥混凝土中,再生粗骨料是指粒径大于4.75mm的建筑垃圾再生颗粒。

(2) 建筑垃圾再生细骨料

在沥青混合料中,再生细骨料是指粒径小于2.36mm的建筑垃圾再生颗粒;在水泥混凝土中,再生细骨料是指粒径小于4.75mm建筑垃圾再生颗粒。

建筑垃圾的基本性能主要包括两大部分:物理性能和力学性能。物理性能包括其外观和表观密度、颗粒组成、吸水率、杂物含量、坚固性等。研究建筑垃圾的基本性能为进一步研究建筑垃圾路用性能奠定了坚实基础。粗骨料的力学性质主要是压碎值和磨耗度,其次是新近发展起来的抗滑表层用骨料的3项试验,即磨光值、道路磨耗值和冲击值。为了使建筑垃圾骨料具有良好的路用性能,必须保证骨料具有一定的强度。

3.2 建筑垃圾再生骨料物理性能研究

3.2.1 外观分析

经破碎机破碎生产的再生骨料如图3-1所示,与天然骨料相比,骨料粒形较差、棱角偏多,且其表面由于带有水泥砂浆而显粗糙,部分骨料存在大量微裂纹。

(a) 再生混凝土骨料　　　　(b) 再生砖骨料

(c) 天然骨料

图 3-1　再生骨料与天然骨料外观

3.2.2　颗粒筛分

分别采用郑州鼎盛工程技术有限公司破碎设备对建筑垃圾进行一次破碎和二次破碎得到再生骨料,根据《公路工程集料试验规程》(JTG E42—2005)中的规定,对废砖块和废混凝土块进行筛分试验。一次破碎是指首次将建筑垃圾填入破碎机后得到的再生骨料,经一次破碎后若仍有较大粒径的骨料,需再次填入破碎机进行二次破碎。筛分试验结果见表 3-1。

表 3-1　筛分试验结果

筛孔尺寸(mm)	通过百分率(%)	
	一次破碎后	二次破碎后
37.5	95.7	100
31.5	93.4	100
19.0	75.8	85.6

续表

筛孔尺寸（mm）	通过百分率（%）	
	一次破碎后	二次破碎后
9.5	58.9	74.4
4.75	17.6	53.6
2.36	10.5	33.7
0.6	3.8	19.1
0.075	0.7	1.5

试验结果显示，经一次破碎后的建筑垃圾骨料，粗细颗粒很不均匀，粗骨料偏多而细骨料偏少；二次破碎后的建筑垃圾骨料的粒径则较为均匀。根据《公路路面基层施工技术细则》（JTG/T F20—2015）中对各级公路底基层的水泥稳定土颗粒的规定[26]，石灰稳定土和二灰稳定土用于高速公路和一级公路的底基层时，颗粒的最大粒径不应超过37.5mm，用于其他等级公路的底基层时，最大粒径不应超过53mm。因此，试验二次破碎后的建筑垃圾骨料满足规范要求，可以用于各级公路使用。

3.2.3 表观密度

表观密度指单位体积（含材料的实体矿物成分及闭口孔隙体积）物质颗粒的干质量。由图3-2可知：

$$\rho_a = \frac{m}{V_s + V_c} \tag{3-1}$$

式中 ρ_a——细骨料的表观密度（g/cm³）；

V_s——细骨料实体体积（cm³）；

V_c——细骨料闭口孔隙体积（cm³）；

m——干燥细骨料的质量（g）。

细骨料表观密度的大小，主要取决于细骨料的种类和风化程度。风化严重的细骨料表观密度小，强度低，稳定性差。表观密度是衡量细骨料品质的主要技术指标之一。对再生骨料表观密度的测定参照天然骨料的测定方法，结果见表3-2。

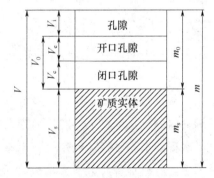

图3-2 骨料体积与质量关系示意图

表3-2 建筑垃圾再生骨料的表观密度

骨料种类	建筑垃圾再生骨料（kg/m³）	天然骨料（kg/m³）
粗骨料	1913	2630
细骨料	2015	2620

显然，就测定结果来看，再生骨料的表观密度比天然骨料的小很多，这是由于再

生骨料中含有较多的针片状碎砖块，还有的表面包裹着较多的水泥砂浆，导致其粒径的大小较不均匀，故其与天然骨料的表观密度存在差异；仅对再生骨料而言，粗骨料的表观密度比细骨料的要大，即再生骨料的粒径大小会影响其表观密度；此外，再生骨料的含水率和混凝土的一些物理性质（如砂率、骨料的密度和水灰比等）也会对表观密度带来一定的影响。

3.2.4 吸水率

根据《公路工程集料试验规程》（JTG E42—2005），首先进行取样工作，取自郑州鼎盛工程技术有限公司所产再生骨料。对试验所用建筑垃圾骨料，粒径大小在4.75mm以上的骨料，即粗骨料，取5kg；粒径大小在4.75mm以下的骨料，即细骨料，取1kg。每组骨料各两份，放入水中。24h后将试样取出，首先称其饱和面干质量（m_1），然后放入温度为105℃的烘箱中烘干，冷却后称其干质量（m_2）。

按式（3-2）计算粗、细骨料的吸水率：

$$W=\frac{m_1-m_2}{m_2}\times 100 \tag{3-2}$$

试验结果见表3-3。

表3-3 建筑垃圾再生骨料的吸水率

骨料	饱和面干质量（g）		烘干后质量（g）		吸水率（%）		平均吸水率（%）	天然骨料（%）
	1	2	1	2	1	2		
粗骨料	5563.7	5566.2	4879.4	4848.1	12.3	12.9	12.6	1.17
细骨料	1148.9	1159.5	946.1	950.7	17.6	18.0	17.8	1.04

相关资料表明，由于天然骨料的孔体积含量较低，一般为3%~10%，天然骨料的吸水率一般不高于2%，且从表3-3中列出的天然砂石粗、细骨料的吸水率也能验证这一结论。从试验结果看，建筑垃圾骨料的吸水率远远大于天然骨料的吸水率，且粗骨料比细骨料的吸水率要小。这是因为，再生骨料的表面较粗糙，棱角偏多，并含有大量高吸水率的水泥砂浆，且砖的吸水率也很高，再加上建筑垃圾在一次破碎和二次破碎过程中，骨料本身产生了大量裂纹，这些因素导致再生骨料的吸水率大大提高，这对配制水泥、石灰以及石灰粉煤灰稳定建筑垃圾混合料是极为不利的。

3.2.5 杂物含量

《混凝土用再生粗骨料》（GB/T 25177—2010）[27]中对"杂物"有明确定义，是指除去了混凝土、水泥砂浆以及砖石之后，混凝土用再生粗骨料中的其他物质。对建筑垃圾通过人工挑拣后发现，建筑垃圾中含有的杂物主要包括废木条、废塑料、废布片、碎纸屑等生活垃圾。

检测杂物含量的试验方法为：首先选取具有代表性的建筑垃圾，称总重后人工分拣出各类杂物并称重，杂物包括金属、塑料制品、沥青、玻璃、木块、植物根叶、纸张等；然后计算杂物含量，即杂物质量占建筑垃圾总质量的百分比，并将计算值取3次试验结果的最大值，并精确至0.1%。《混凝土用再生粗骨料》（GB/T 25177—2010）中规定，再生骨料中杂物含量要求不大于1%，实际在建筑垃圾的加工生产过程中，通过人工挑拣、风选、过筛等方式就可以达到这一要求。经测得，建筑垃圾的杂物含量为0.3%，满足规范要求。

3.2.6 粒径小于4.75mm颗粒含量

在建筑垃圾混合料体系中，粗骨料与细骨料的功用是相辅相成的：前者起骨架支撑作用，而后者能在粗料间的缝隙进行填充，起到较好的稳固作用与连接作用。当粗料细料配比不均时，混合料中必然产生一定的缝隙或空域空间，致使产生骨架-空隙结构。这种结构有着渗透性强、黏聚力弱的特征，且具备着较小的干密度。

当细颗粒物料含量增加、干密度达峰值时，混合物料的结构逐渐从骨架-空隙结构变为悬浮-密实结构，该结构的摩擦角较大、黏聚力较强、渗透性较弱，具有高强度、高承载力的特征。基于此，小于4.75mm直径的细物料的含量，在建筑垃圾混合物的结构类式中有着关键作用，也是影响混合料干密度、强度的核心因素。在分析、测定建筑垃圾路基填料的合理粒度组成时，小于4.75mm直径的细物料含量应是首先确定的对象。

3.2.7 坚固性

建筑垃圾骨料应具备一定的抗风化、抗氧化能力以及抵抗冻融破坏的能力。铁路行业中上述能力显得至关重要。再生骨料混凝土的组成成分复杂，不仅含有高强度物料，也包含一些低密度物料，再加之长期的空气风化、碳化和腐蚀性气体的影响，其与原材料相比必然稍为疏松。所以，建筑垃圾的耐冻性、抗融性均低于天然碎石骨料。坚固性是指在气候、环境变化或其他物理因素作用下，粗骨料抵抗破碎的能力。其测定方法为硫酸钠溶液法。

硫酸钠溶液浸泡损失率，是目前筑路行业极为普遍的参考指标。该方法是通过硫酸钠在级配碎石颗粒微裂及开口孔隙中的结晶膨胀作用进而分析得出级配碎石抗风化及冰冻胀裂能力对应的参数。该参数一般以质量损失率（%）来进行表征。我国现行的《铁路工程土工试验规程》（TB 10102—2010）[28]规定了正常情况下的粗骨料硫酸钠溶液浸泡损失率指标测定方法。在该方法中，首先需要将一定质量的、直径为20～25mm和25～40mm的两种建筑垃圾颗粒进行清洗；烘干后称量其质量（m_0）。随后，将物料浸泡于特定浓度的硫酸钠溶液中20h。最终，浸泡完成后在烘箱中完全烘干。重复5遍后，再将物料放入清水冲洗、去除溶液残留，再次烘干并称量（m_1）。硫酸钠溶液浸泡损失率指标的计算公式为

$$A_\mathrm{L}=\frac{m_0-m_1}{m_0}\times 100 \tag{3-3}$$

式中 m_0——试样反复浸泡前的质量（g）；

m_1——浸泡后试样的质量（g）。

首先对建筑垃圾中的不同成分骨料进行单一成分的试验，结果见表3-4。

表 3-4 不同骨料的硫酸钠溶液浸泡损失率

成分	指标	
	硫酸钠溶液浸泡损失率（%）	天然含水率（%）
砖块	6.5	2.1～3.4
混凝土块	2.1	
碎石块	1.4	

建筑垃圾再生粗骨料不论是砖块还是混凝土块，其微裂隙较多，强度相对天然石块低，软弱、易破碎。其中砖块由于孔隙最大，在硫酸钠结晶时受到膨胀力的影响，易从再生骨料表面脱落。所以，在硫酸钠溶液中，再生骨料的浸泡损失率要高于天然骨料。硫酸钠溶液浸泡损失率指标表示骨料抗风化和冰冻胀裂能力，所以再生骨料的抗风化和冰冻胀裂能力较弱。

通过特定试验得出相应的材料特性之后，将碎混凝土块、碎砖块、石块均破碎成20～40mm的骨料，在干燥状态下测定这些骨料的吸水率、密度和硫酸钠溶液浸泡损失率的变化情况。骨料的抗风化和冰冻胀裂能力采用硫酸钠溶液浸泡损失率表示，硫酸钠溶液浸泡损失率越小，骨料抗风化和冰冻胀裂能力越强。为深入检验试验结果，取天然骨料以相同方法进行试验，得到如表3-5所示的结果。

表 3-5 建筑垃圾混合料相关物理性能

种类	指标			
	颗粒尺寸（mm）	最大分子吸水率（%）	松散密度（kg/m³）	硫酸钠溶液浸泡损失率（%）
天然骨料	20～40	5.93	1.311	1.4
再生骨料	20～40	9.36	1.042	3.2

从表3-5中可以发现，对天然骨料而言，其硫酸钠溶液浸泡损失率较小，建筑垃圾破碎后再生骨料的损失率则较大。《高速铁路路基工程施工质量验收标准》（TB 10751—2018）规定[29]，级配碎石的硫酸钠溶液浸泡损失率不应大于6%，而表3-5反映出的建筑垃圾骨料的硫酸钠溶液浸泡损失率仅为3.2%，满足要求。显然，建筑垃圾再生后的混合料作为筑路材料完全有足够的抗风化及抗冰冻胀裂能力。但是由于建筑垃圾中砖块的硫酸钠溶液浸泡损失率大于6%，如果在其他工程中所用建筑垃圾砖块含量较高，那么整体混合料的硫酸钠溶液浸泡损失率也会相应地提高，此时建筑垃圾再生骨料是否满足设计要求，则需要评价具体材料的此项指标。

3.3 建筑垃圾再生骨料力学性能研究

3.3.1 压碎值

粗骨料压碎值是指粗骨料在连续增加的荷载下抵抗压碎的能力。它作为相对衡量石料强度的一个指标，用以评价水泥混凝土、路面基层、底基层及沥青面层的粗骨料品质。

压碎值的测定方法如下：

（1）水泥混凝土骨料压碎指标值试验：适用于鉴定水泥混凝土用粗骨料的品质。

（2）沥青路面用骨料压碎值试验：适用于鉴定公路路面基层、底基层及沥青面层粗骨料的品质，以评定其在工程中的适用性。

根据《公路工程集料试验规程》（JTG E42—2005）的规定，测量压碎值时，选取风干状态下一定质量的建筑垃圾骨料，粒径控制在13.2～16mm，使用一定规格的圆筒将试样装入其中，再在压力机上对其施加400kN的荷载后立即卸载。首先称取试样质量（m_0），随后使用孔径2.36mm的分样筛，筛出被压碎的细料，称取试样的筛余量（m_1），依次做两组平行试验。压碎指标δ_a按照式（3-4）计算：

$$\delta_a = \frac{m_0 - m_1}{m_0} \times 100\% \tag{3-4}$$

式中　m_0——试验前试样的质量（g）；

m_1——试验后试样过2.36mm筛后，筛余的质量（g）。

试验结果见表3-6。

表3-6　建筑垃圾再生骨料的压碎值

序号	13.2～16mm 骨料用量（g）	2.36mm筛通过量（g）	压碎值（%）	平均值（%）	天然骨料压碎值（%）
1	3000	476.3	15.9	15.8	8.8
2	3000	472.1	15.7		

由于建筑垃圾骨料中不仅含有较高强度的废混凝土，还有大量低密度、高空隙率的废砖块等，其组成比较复杂。且这些骨料经过破碎以后，本身存在大量裂纹，与天然骨料相比略显疏松，说明建筑垃圾骨料抵抗压碎的能力较弱。因此，建筑垃圾粒料的强度与天然碎石骨料相比要略逊一筹。本试验得出的压碎值为15.8%，根据《公路路面基层施工技术细则》（JTG/T F20—2015）[26]的规定，材料做基层或底基层时的压碎值不能大于40%，故试验结果满足规范要求。

3.3.2 磨耗度

为保障建筑垃圾再生骨料的路用性能，则必须做到物料密实、有一定强度。此外，主要成分为建筑垃圾的再生骨料组成物质较为复杂，含有高强度的混凝土，但也包含一些低密度材料，如砖、瓦等。此类材料在长期的自然环境中，遭受着空气中的腐蚀性气体的侵蚀与碳化，必然比原材料要疏松。因此，再生骨料的磨耗度一般均低于天然碎石骨料。

再生骨料磨耗度一般用洛杉矶磨损率指标来进行表征，又称为洛杉矶磨耗率。其为反映物料在特定环境下抵抗道床阻力、冲击磨损、剪切力等磨损力的综合指标。依据《铁路工程土工试验规程》（TB 10102—2010）的相关规定，粗骨料的磨耗率指标测定方法为：将若干质量的气干状态下呈 10～20mm 的石子混合 8 个钢球，共同装入一定规格的圆筒。随后，通电使圆筒剧烈旋转。结束上述步骤后，称取试样的质量（m_0）并用孔径为 1.70mm 的筛来完成对细料的筛选，最后称量筛余量（m_1）。

那么，洛杉矶磨耗率 $Q_磨$ 计算如公式（3-5）所示：

$$\delta_a = \frac{m_0 - m_1}{m_0} \times 100\% \tag{3-5}$$

式中　m_0——试样的质量（g）；

　　　m_1——试样筛余量（g）。

本次使用的试验设备——洛杉矶磨耗试验机如图 3-3 所示。

图 3-3　洛杉矶磨耗试验机

将建筑垃圾进行成分分离，得到单一成分并展开针对单一成分的试验。显然，与天然骨料试验数据相比，其磨耗率有一定的差异，见表 3-7。

表 3-7　建筑垃圾骨料的洛杉矶磨耗率

成分	指标	
	洛杉矶磨耗率（%）	天然含水率（%）
砖块	31.8	2.1～3.4
混凝土块	20.9	
石块	6.6	

再生粗骨料及所附水泥、砂浆的强度、刚度等指标处于较低的水平，比较容易破碎。在一定强度的外力介入后，其极难附着于骨料的表面。显然，可再生骨料的磨耗率比天然骨料的更大。因为洛杉矶磨耗率指标表明了该骨料聚合、抗压的能力，所以不难发现，再生骨料在抗压方面仍然较弱。

通过对混凝土破碎后的单体材料，如碎砖、碎石等进行试验并得出其材料特性，将这些材料破碎为 5~25mm 大小的颗粒并作为骨料。据此测定其洛杉矶磨耗率、在干燥状态下的吸水率、密度的变化情况。由此，骨料强度以洛杉矶磨损率表示，洛杉矶磨损率越小则说明骨料的强度越大。为了获得对比效果，用天然骨料对同一方法进行试验。这一比较测试的结果见表 3-8。

表 3-8 建筑垃圾混合骨料物理性能

种类	指标			
	颗粒尺寸（mm）	最大分子吸水率（%）	松散密度（kg/m³）	洛杉矶磨耗率（%）
天然骨料	5~25	5.93	1.311	9.37
再生骨料	5~25	9.36	1.042	15.2

据表 3-8 可知，天然骨料的吸水率相比于建筑垃圾而言要小一些，而后者被破碎为一定程度的细小颗粒后，吸水率较大。此外，与天然骨料洛杉矶磨耗率相比，建筑垃圾再生骨料由于成分杂、密度不均，使得其洛杉矶磨耗率无显著上升。《高速铁路路基工程施工质量验收标准》（TB 10751—2018）[29]规定了级配碎石的磨耗率不应大于 30%，而表 3-8 反映出的建筑垃圾骨料的磨耗率为 15.2%，合乎相关标准。毫无疑问，建筑垃圾再生骨料能够在工程建设中使用为筑路材料。

4 建筑垃圾应用于回填路基的研究

本章节选自长安大学李少康的《建筑垃圾在公路路基中的应用研究》[30]及长安大学张威的《建筑垃圾路用再生填料的加工与施工工艺研究》[31]。章节内容依托项目为陕西省西咸北环线高速公路。西咸北环线高速公路是"关中—天水经济区发展规划"和"西咸新区规划"确定的交通建设重点工程,是陕西省"2367"高速公路网中的重要联络线,也是环绕西咸新区、串联西安卫星城市和周边重要城镇的黄金大通道。路线起自临潼区零口镇以东(K0+000),止于户县谷子砣,与京昆高速公路连接(K112+926),全长122.613km,建设里程113.613km,设计时速120km/h,采用双向六车道高速公路设计标准。

4.1 建筑垃圾填料性能试验研究

建筑垃圾具有相当好的强度、硬度、耐磨性、冲击韧性、抗冻性及耐水性等特性,即强度高、稳定性好。建筑垃圾又具有相当好的物理和化学稳定性,其性能优于黏土、粉性土,甚至砂土和石灰土。建筑垃圾透水性好,遇水不冻胀、不收缩,是道路工程难得的水稳定性和冻稳定性好的建筑材料。建筑垃圾还具有颗粒大、比表面积小、含薄膜水少、不具备塑性的特点。材料透水性好能够阻断毛细水上升,在潮湿的环境下,建筑垃圾作为基础持力层,强度变化不大,是理想的强度高、稳定性好的路用材料,如利用废弃建筑混凝土和废弃砖石生产的粗细骨料,可用于生产相应强度等级的混凝土、砂浆或将粗细骨料添加固化类材料,也可用于道路路面基层。公路工程具有工程数量大、耗用建材多的特点。耗材决定着公路工程的基本造价。公路建设的一项基本原则就是因地制宜、就地取材,努力降低工程造价。而建筑垃圾具备其他建材无可比拟的优点:数量大、成本低且质量好。因此,建筑垃圾的主要应用对象,首选应该是公路工程[32]。

通过对试验段附近的建筑垃圾进行实地调查和取样,并经过建筑垃圾破碎设备加工处理,得到建筑垃圾再生骨料。对样品进行组成分析和性能试验,取得了初步的试验数据,为项目的进一步开展打下了基础。试验进行了4次取样,取样的方案和处理措施见表4-1。

表4-1 取样的方案和处理措施

取样次数	样品编号	取样的方案和处理措施
1	A	从不同的地方抽取建筑垃圾,将抽取的所有样品混合,然后经实验室小型颚式破碎机破碎形成不同粒径的混合体

续表

取样次数	样品编号	取样的方案和处理措施
2	B	按照4.75mm以上粒径建筑垃圾与小于4.75mm体积比7:3的比例取样,将抽取的所有样品混合形成不同粒径的混合体
3	C	用装载机从不同地方抽取10t建筑垃圾,运往石料加工厂加工为2~4cm、1~3cm、0.5~1cm三种规格的粒径。另外抽取一定数量的渣土,即小于4.75mm的材料
4	D	施工单位收集的建筑垃圾中小于4.75mm的渣土

对破碎后的建筑垃圾开展了大量性能试验研究,主要包括筛分、标准击实、承载比等相关试验,以及对混合料中颗粒粒径小于4.75mm的建筑渣土进行了相对密度、液塑限和酸碱度等相关试验。

4.1.1 筛分试验

建筑垃圾属于土石混合的粗粒土,其工程力学特性与其中粗、细颗粒性质及相对含量密切相关,故对建筑垃圾中各种组分特性进行分析。将抽取的建筑垃圾试样风干,然后人工按照不同材质分离,烘干后称重并计算其比例。按照规范取样进行筛分试验,试验结果见表4-2。建筑垃圾的粗颗粒主要由碎砖块、混凝土块、石块组成,取粗颗粒部分试样,人工分拣、计算,发现成分中砖块占50%、混凝土块占35%、石块占15%。

表4-2 建筑渣土筛分试验结果

筛孔尺寸(mm)	通过百分率(%)			
	A	B	C	D
37.5	62.8	100.0	98.7	100.0
31.5	59.1	100.0	94.3	100.0
26.5	54.1	100.0	88.4	100.0
19	48.4	98.4	81.1	100.0
16	44.7	94.9	78.7	100.0
13.2	40.8	88.8	75.0	100.0
9.5	34.4	74.9	59.7	100.0
4.75	26.2	56.8	28.5	100.0
2.36	20.5	42.9	17.6	97.7
1.18	16.4	36.0	11.3	95.5
0.6	10.1	26.3	5.7	91.9
0.3	4.0	14.3	1.9	86.4
0.15	2.2	10.6	1.2	84.8
0.075	1.3	7.7	0.8	83.9

4.1.2 标准击实试验

标准击实试验是指为测定出各种状态下混合料的含水率与干密度之间的关系,绘制击实曲线,确定混合料的最大干密度和最佳含水率而进行的试验过程。最大干密度和最佳含水率是路基填料的施工质量标准、制定建筑垃圾混合料压实度检验标准,也在混合料标准击实试验和承载比试验中充当重要的参数。在击实能量作用下,为克服摩擦阻力,土颗粒之间会产生位移,使土中的空隙减小、密度增加。通过对不同含水率的建筑垃圾混合料进行标准击实,使混合料在夯实功作用下达到密实,从而测得各项试验数据。

结合建筑垃圾骨料的特点,根据《公路工程无机结合料稳定材料试验规程》(JTG E51—2009)的规定[33],选取无机结合料稳定材料击实试验中的丙法,由于试样最大粒径为40mm,宜采用重型Ⅱ标准击实方法,选取3×98击的击实功,按5层击实法制样。标准击实仪如图4-1所示,击实试验结果见表4-3。

图 4-1 标准击实仪

表 4-3 建筑垃圾击实试验结果

样品	最佳含水率(%)	最大干密度(g/cm³)
A	11.4	1.96
B	12.5	1.89
C	14.6	1.80
D	12.8	1.90
D+0.2%Na$_2$SiO$_3$	12.5	1.88
D+15%水泥	10.5	1.92

4.1.3 承载比试验

路基填料 CBR 值是表征路基填料强度的重要指标,也是选择路基填料的标准和依据。建筑垃圾承载比 CBR 值试验，依据标准击实试验结果、混合料筛分和混合料密度试验结果配料，制成天然级配混合料压实度为 98% 的试样进行试验，选取 3×98 击的实功，按 5 层击实法制样，试件浸水 4 昼夜后进行承载比试验，得到建筑垃圾混合料的 CBR 值，见表 4-4。

表 4-4 建筑垃圾 CBR 试验结果

样品	CBR（%）（2.5mm）				CBR（%）（5mm）			
	1	2	3	平均	1	2	3	平均
A	38.6	24.1	41.4	34.7	49.3	35.7	44.0	43.0
B	26.4	31.4	10.0	22.6	33.3	42.9	17.1	31.1
C	78.4	51.4	45.7	48.6	87.6	74.3	54.3	64.3
D	1.3	1.4	1.3	1.4	1.9	2.1	2.1	2.0
D+15%水泥	132.1	101.3	131.4	116.4	—	—	—	—

根据试验结果得出建筑垃圾的 CBR 值为 43.0%，明显大于黄土的强度（CBR 值），强度完全满足规范中对路基填料的要求。但建筑垃圾混合料中小于 4.75mm 细颗粒渣土的 CBR 值较低，平均仅为 1.4%。采用 1.5% 剂量的水泥（外掺法）加入建筑垃圾混合料，经过承载比试验得出其 CBR 值提升为 116.4%。

因此，对于建筑垃圾中小于 4.75mm 颗粒的材料强度（CBR 值）小于 3% 时，如将其应用于路基，还需采取加固措施，建议采用 1.5% 剂量的水泥（外掺法）对其进行加固。

以上承载比试验结果表明，建筑垃圾混合料试验材料的承载比指标为 31.1%～64.3%，完全满足公路的强度要求。浸水 4 昼夜后材料的膨胀率很小，仅为 0.017%，这与建筑垃圾中细颗粒为砂性土的特性密切相关。

4.2 建筑垃圾填筑路基施工工艺研究

为了能够使建筑垃圾填筑路基的价值得到充分体现，施工工艺应结合路基的不同部位采用不同等级的建筑垃圾，并采用不同的施工机械。初步提出如下施工方案，并在施工过程中不断优化。

对于路床底面以下 0～2m 深度的路基，建筑垃圾应进行筛分破碎的加工工艺，最大粒径不大于 100mm。应分层填筑，填筑压实厚度应小于 200mm，采用不小于 20t 的振动压路机，要求每一层压实后表面应密实。

对于路床底面 2m 以下深度的路基，建筑垃圾应进行筛分但不进行加工破碎。应分层填筑，最大粒径不超过 250mm，填筑压实厚度应小于 250mm，采用不小于 22t 的振动压路机，要求每一层压实后表面应密实。

4.2.1 施工准备

(1) 根据建筑垃圾填筑路基受雨季的影响程度，选择最佳的施工季节。

(2) 建筑垃圾内成分复杂，在填筑前应对建筑垃圾填料做适当的处理。拣除其中的塑料袋、木块和钢筋等杂物，对粒径大于100mm的超粒径颗粒也应拣除或人工破碎。

(3) 对建筑垃圾填料中小于4.75mm粒料进行易溶盐、颗粒分析、击实、CBR值等试验，若其CBR值和塑性指数不满足工程要求，应对其进行固化改善处理。具体检测项目和试验结果见表4-5。

表4-5 建筑垃圾路基填筑材料检测项目

项次	检评项目		规定值或允许值	试验结果	检测方法或仪器
1	大于4.75mm颗粒含量（%）	路床	75～85	—	筛分试验
		路堤	40～75	73.6	
2	最大粒径（mm）	路床	60	—	尺量
		路堤	100	98.9	
3	杂物含量（%）		≤1	0.42	挑拣称重
4	承载比		≥3	38.6	CBR值试验
5	含水率（%）		实测	4.6	烘干法或酒精燃烧法
6	最大干密度		—	1.89	击实试验
7	压碎值（%）		≤40	12.8	压碎值试验
8	有机质含量（%）		≤5	0.1	重铬酸钾氧化法
9	易溶盐含量（%）		≤0.5	0.1	质量法

注：杂物指建筑垃圾填料中除混凝土、砂浆、砖瓦、石和土之外的其他物质，包括塑料袋、木材、泡沫轻物质等生活垃圾类。杂物含量试验方法：取具有代表性的建筑垃圾样品不少于50kg，放入（105±5）℃烘箱中烘干至恒重，冷却后按照四分法称取15kg±1g的试样不少于3份，精确到1g，将木块、塑料片、布片、纸屑、泡沫颗粒等进行人工分拣，分拣后称重，计算杂物占混合料总质量的百分比。平行试验3次，以平均值作为试验结果。

(4) 建筑垃圾填筑路基前，地基处理应符合要求。

(5) 施工前，清除填筑原地面表层植被，挖除树根及杂草，并将挖除的表层土集中堆放。

(6) 清表后，基底表面恢复中线，按设计桩位恢复中线及边线。进行水平测量，在两侧指示桩上绑红布条标示出每层边缘的设计高程。

(7) 建筑垃圾填筑路基应采取必要的引排、拦截等措施，防止水对地基的不良影响。

(8) 填筑前应备足填筑建筑垃圾填料，而且将填料进行拌和，拌和过程添加水泥等材料，拌和均匀后，将混合料运至现场。

4.2.2 试验路填筑

制定合理的施工机械设备组合、施工工艺和质量检测方案，以保证施工质量。现场试验需确定的施工参数主要有：

（1）碾压机械的选择；
（2）摊铺方法的选择；
（3）填筑含水率的控制；
（4）碾压参数的确定（包括机械工作参数、碾压遍数等）；
（5）质量检测方法和质量控制标准的确定。

建筑垃圾填筑路基试验段的施工工艺流程图如图 4-2 所示。

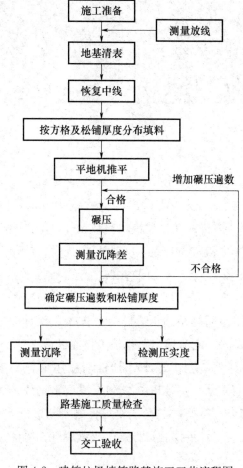

图 4-2 建筑垃圾填筑路基施工工艺流程图

（1）运输

路基填筑工程采用配套的机械化施工，形成装、运、摊、平、压等程序机械化流水作业。施工宜采用挖掘机装料，大型自卸汽车运输，运输自卸汽车应配有足够的备用轮胎。按自卸汽车载土方量大小在路基填筑层面上用白灰圈出卸料范围，现场设专人指挥建筑垃圾调配。

建筑垃圾填料装运时，尽量使填料混合均匀，避免大粒径填料集中装运。安排好填料运输线路，专人指挥，按水平分层，先低后高，先两侧后中央卸料。运输过程如图 4-3 所示。

图 4-3　运输

(2) 摊铺

路基填筑采用纵向分段、水平分层、由低向高、逐层施工顺序，采取路堤全宽水平分层填筑压实的施工方法。根据测设出的中线画出 5m 方格线，按照每层不超过 25cm 及路基宽度计算每个方格的建筑垃圾填料数量和每个方格卸车数量。

摊铺时，采用大型推土机进行摊铺，人工配合找平，使得建筑垃圾骨料之间无明显的高差台阶。对不平整处配合人工用细骨料、碎石屑找平。摊铺厚度不大于 30cm，骨料摊平后应及时测出标高。采用推土机将建筑垃圾骨料推平，推平宜为先中间后两侧。沿路线纵向方向保持中间高两边低，路基横向做成设计要求的横坡。推土机平整过程中，如发现超粒径骨料，应清理出路基施工作业区域。

摊铺时最大松铺厚度不应超过 30cm。摊铺后应用钢尺测量每层的松铺厚度，每 20m 一个断面，每个断面 4 处，每处以 3 个测点厚度平均值作为测点厚度值。当分层填筑厚度≤20cm 时，填料粒径严格按设计要求控制不超过压实厚度的 2/3，填料粒径不大于 10cm。摊铺完成后用水平仪测量计算出松铺厚度。摊铺过程如图 4-4 所示。

(3) 补水

经过破碎后的建筑垃圾路基填料，由于长时间堆积含有一定的水分，含水率一般为 6% 左右。而由于建筑垃圾组分比较复杂，击实试验所需要的最佳含水率范围为 10%～15%，所以在现场施工时需要采用洒水车大量补水。但由于建筑垃圾路基填料中各种成分很不均匀，摊铺后局部最佳含水率差异较大，含水率不足造成不易压实和含水率超标造成积水现象同时存在，给施工带来很大困难。所以要求在现场补水过程中安排专人进行观察并进行指挥，对含水率不足的部分继续补水，对含水率超标的部分进行晾晒，尽可能在最佳含水率情况下进行碾压，确保路基压实质量。补水过程如图 4-5 所示。

图 4-4　摊铺

图 4-5　补水

（4）分层碾压

分层碾压时应采用振动压路机压实，振动压路机为牵引式或自行式，压路机为平碾和凸块式振动压路机两种，压路机轮重不小于 250kN（即质量 25t），振动频率为 18.3～35Hz，振幅为 1.54～1.66mm。压实能量应不小于重型压实标准 2.68J/cm³，按式（4-1）计算：

$$F = 2a\left(W\frac{F}{2} + \frac{L}{v}n\right)N\frac{1}{BLh} \tag{4-1}$$

式中　F——振动碾的压实能量，J/cm³；
　　　a——振幅，mm；
　　　W——振动轮的轮重，kN；
　　　N——振动碾压遍数；
　　　n——振动频率，N；

v——振动碾压速度，cm/s；
B——压实宽度，cm；
L——压实管长度，cm；
h——压实层厚度，cm。

碾压时先采用钢轮压路机静压两遍，碾压速度为4～6km/h，然后采用凸块式振动压路机（羊角碾）振动压实，碾压速度不大于4km/h。不同压路机的振动压实遍数见表4-6。路床部分应采用钢轮振动压路机振动压实。试验路填筑路基时采取的施工工艺组合为：将建筑垃圾摊铺平整后，采用22t凸块式振动压路机开振碾压4遍，然后采用20t光轮振动压路机开振追压3遍，最后采用20t光轮振动压路机开振收面1遍。碾压过程如图4-6所示。

表4-6 振动碾压遍数

轴重 kN 击振力 kN	180	200	250
250	10	9	8
300	9	8	7
350	8	7	6

分层碾压时，按照"先边缘后中间，先慢后快"的原则操作，横向接头重叠0.4～0.5m，前后相邻两区段间纵向重叠0.8～1.0m，压实路线纵向互相平行，反复碾压。现场人员应跟随压路机随时检查，并做好记录，确保无漏压、无死角，压实的表面做到嵌挤无松动、密实无空洞、平整无起伏。

图4-6 碾压

碾压合格后及时测出碾压后的标高，测量高程，按20m观测一个断面，每个断面布设不少于6个点，并用石灰线准确打出该点的所在位置，测其高程，并进行记录，再用振动压路机碾压一遍，压实后重测一下原来点的高程，经检查对比，各点在振动前后的标高差值在2mm以内即为合格。如沉降量达不到要求，应继续碾压，直至满足要求。

压实过程中超粒径建筑垃圾骨料应辅以人工破碎至粒径符合要求,粗颗粒粒径不得超过层厚的 2/3。也可采用液压式冲击锤机械破碎,以提高生产效率。图 4-7 所示为试验段路基表面。

图 4-7　试验段路基表面

(5) 洒水

碾压结束后,立即进行洒水,洒水量应达到表面水不流动,即不冲走表面浆液,又能形成一层水膜,建筑垃圾混合料成型后的 7d 内要经常保持湿润状态,洒水量一般控制在 $3\sim5kg/m^2$ 较适量。

(6) 铺设土工布

考虑到自然降水对建筑垃圾路基路用性能的影响,在对基底处理后采取加铺防渗复合土工膜,膜上铺 20cm 厚的 1.5% 水泥改良土保护层,然后用处理后的建筑垃圾填筑路基。土工膜采用 HDPE 二布一膜,基布:$500g/m^2$,膜厚:0.5mm。铺设土工布过程如图 4-8 所示。

图 4-8　铺设土工布

4.2.3　施工质量控制要点

(1) 为防止路基出现整体下沉或局部下沉现象,应对工程地质不良地段进行现场勘探,制订科学合理的施工技术措施,在施工过程中严格执行。原地面清表工作应按规范要求彻底清除地表种植土、树根等。

（2）在建筑垃圾再生骨料加工场地进行质量管理，应测定料场建筑垃圾骨料的强度、级配、视密度、吸水率，料场每 5 万 m^3 至少应进行一次试验。超大粒径的建筑垃圾填料应在料源处破碎。

（3）碾压过程中以及碾压完成后，应进行目视管理，检查路基表面粗骨料有无超粒径颗粒，每 2000m^2 检测 6 处。整个工作面内不得有超粒径再生骨料，否则应就地破碎或挖除更换。

（4）压实后表面应平整，不得出现建筑垃圾粗骨料集中现象，否则应将粗骨料分散。

（5）应根据压实设备的自重和击振力确定振动碾压的最少遍数，不得少于表 4-6 的规定，不得有漏压现象；

（6）每压实一层应进行一次沉降量观测，以评价压实情况，每 20m 测一个断面，每个断面测 4 处。按照检测频率要求布置网格测点，以测点为中心，在正交的两轴以 25cm 的距离各选择 1 个辅助测点，以 5 个点的标高平均值作为该处的标高。以松铺标高与原标高之差为松铺厚度，以压实后标高与松铺标高之差为压实沉降差，沉降率为沉降量与松铺厚度的百分比。

（7）现场应同时检验压实遍数，以最严格的控制标准，不符合要求时应采取措施。可采取超重型振动压实、洒水补压、增加振动压路机的压实功并增加凸块式振动压路机振动压实等方法予以保证。

（8）应注意施工过程中严格控制填筑填料时的厚度、粒径，必须分层碾压，层层检测。

（9）碾压结束后路基表面应整修平整。通过外观鉴定，上边坡不得有松动骨料，路基边线直顺，曲线圆滑。

（10）由于建筑垃圾混合料受水泥的物理化学特性、水泥的初凝、终凝时间的试验以及自身拌和、施工、机械的配备等因素的影响，施工时必须合理地确定安排每道工序所占时间，使混合料的延迟时间控制在水泥初凝时间内。

（11）防止路基出现边坡坍塌，做好边坡防护和路基排水设施，保证排水畅通。

（12）路基施工前应修建临时排水措施，并与永久排水设施相结合，避开雨期作业。保证雨期作业的场地不被雨水淹没并能及时排除地表水。多雨季节应加强施工管理，保证临时排水设施通畅，并采取相应的坡面防护措施，严防雨水浸入坡体或冲刷坡面。排走的雨水不得流入农田、耕地，也不得引起水沟淤积和冲刷路基。

（13）低洼地段和高填挖地段、工程地质不良地段以及沿河路段，应尽可能避开雨期施工。

（14）雨期施工中，除施工车辆外，应严格控制其他车辆在施工场地通行。

（15）边坡防护采用缓边坡植被防护。当填方路基边坡高度小于 6m 时，边坡坡率采用1∶2.0；当填方边坡高度大于6m时，边坡坡率1∶3.0。

4.3 施工质量检测方法与标准

4.3.1 施工过程质量控制方法

用建筑垃圾填料填筑路基时，应进行地表清理，逐层水平填筑建筑垃圾填料，摆放平稳。填筑层厚度及上下路床建筑垃圾填料尺寸应符合规定。通常路基施工质量检测过程中，压实度是主要的检测指标，而压实度指标检测是通过现场取样的干密度与对应的标准击实的最大干密度相比较来测定的。根据《公路土工试验规程》（JTG E40—2007），对于最大粒径大于40mm的骨料，不能用正常的重型击实法来测定最大干密度，而由于建筑垃圾加工后的再生骨料最大粒径一般都在60mm以上，100mm以下。若采用规程中振动台法来测定最大干密度，则由于建筑垃圾加工骨料的颗粒形状、颗粒组成变异性较大，因此所测的最大干密度数值差异性也较大。现场测试的密实度所对应的最大干密度无法查找，实际操作性差。由于难以准确检测压实度指标，势必造成在实际施工过程中的随意性和经验性，给整个工程的质量检验和评定工作带来很大的困难。

作为过程质量检测方法，弯沉检测相对较为复杂，灌砂法由于建筑垃圾压实颗粒分布的不均匀性，检测值可能存在偏差，试验过程中对试验段路基采用灌砂法进行压实度检测时，多次出现超百的异常现象，如图4-9所示。因此，路基分层填筑过程中采用较为直观的轮迹法和沉降差观测法。轮迹法即表面无明显轮迹；沉降差观测过程中采用振动压路机分层碾压，至填筑层顶面的建筑垃圾骨料稳定，20t以上压路机碾压两遍后无明显标高差异。检测所需设备见表4-7。

图4-9 灌砂法压实度检测

表 4-7 沉降差法检测设备

序号	设备名称	数量
1	20t 振动压路机	1 台
2	水准仪	1 台
3	水准尺	1 把
4	钢制垫块	1 块
5	红油漆	1 桶

沉降差观测法的详细操作过程如下：

（1）布点：在压实后的路基表面，用油漆标注测点，沿路堤纵向并排布点，点位间纵向间距为 20m，横向间距视现场情况而定，布点避免位于凸出大块骨料上和压路机不能压到的地方；

（2）检测频率：每 20m 检测一个断面，每个断面检测 5~9 点；每 2000m² 至少 16 点，压实面积不足 200m² 应检查 4 点；

（3）测量：用水准仪测量测点高程 h_1，h_2，…，h_n，然后用静载 20t 振动压路机做碾压检测（碾压参数：车速 4km/h，频率 20Hz，碾压 2 遍），检测碾压后各点高程 h_1'，h_2'，…，h_n'；

（4）按照相应公式计算沉降差、沉降差平均值、均方差等指标。

检测碾压前后应无明显轮迹，最后两遍碾压的沉降差平均值小于 2mm，标准差（均方差）小于 1mm。如不符合要求可增加压路机碾压遍数或改变压路机碾压参数施工。

为了得到建筑垃圾的松铺厚度、碾压遍数与施工质量之间的关系，进行了不同松铺厚度、不同振动碾压遍数条件下的碾压后的沉降差试验。重复碾压时要求采用 18~21t 钢轮光面压路机，沉降观测采用水准仪近距离观测，如图 4-10 所示。

图 4-10 沉降差观测

碾压过程中，建筑垃圾填料从松散状态到致密状态，填筑层厚度趋于一定值。在碾压过程中进行路基沉降观测，得到沉降差及沉降率，根据沉降指标间接判定碾压质量。表 4-8 为碾压过程中的路基沉降观测结果。

表 4-8 路基沉降观测指标

碾压遍数	松铺厚度（cm）	相邻两遍沉降差（mm）
3		—
5		2.45
8	30	1.83
11		1.50
14		1.45

沉降差结果分析表明，对于松铺厚度为 30cm 的情况，经过 8 遍碾压后，其沉降差逐渐减小，差值小于 2mm 时趋势逐渐稳定；而对于松铺厚度为 45cm 和 60cm 两种情况，分别经过 14 遍碾压后，其沉降差才逐渐趋于稳定。根据沉降差变化趋势，建议松铺厚度取 30cm，碾压遍数宜不少于 8 遍，相邻两遍沉降差均小于 2mm。

4.3.2 工后质量检测方法

国内外普遍采用回弹弯沉值来表示路基和路面的综合承载能力，回弹弯沉值越大，承载能力越小，反之越大。路面回弹弯沉值的大小，反映了路面整体刚度强弱。弯沉作为一项重要的检测指标，反映了公路路基路面的整体强度和质量。路面回弹弯沉值是指标准后轴载双轮组轮隙中心处的最大回弹弯沉值。它可以反映路基和路面的综合承载能力，在我国已广泛使用路面回弹弯沉值来综合评定路基和路面的强度质量，而且有很多的经验和研究成果。它不但广泛用于路面结构的设计中，也用于施工控制及施工验收中，还用在旧路补强设计中，是公路工程建设和维护的一个重要的质量控制指标。

建筑垃圾路基填筑期间和填筑完成后，先后对建筑垃圾路基试验段进行了 3 次弯沉检测，如图 4-11 所示。检测过程中分别采用超重型荷载——后轴轴重 170kN、150kN 以及后轴轴重 100kN 标准轴载测试路基代表弯沉值 L_r，见表 4-9。

图 4-11 建筑垃圾路基弯沉测试

表 4-9　不同轴载作用下路基回弹弯沉检测结果

序号	轴载（kN）	测点数量	平均值（0.01mm）	均方差（0.01mm）	代表值（0.01mm）
1	后轴重170	10	160.2	15.6	185.8
2	后轴重150	18	102.1	5.9	111.8
3	后轴重100	44	54.4	12.3	74.6

从检测结果看，路基强度、弯沉值指标达到了预先设计的标准轴载作用下路基基顶回弹弯沉值小于100（0.01mm）的要求，满足路面基层结构层对下层路基的总体要求。

为了解路基填筑后建筑垃圾填料的内部分布密实情况，将路基挖开至地基层以下，露出整个填筑路基的断面。经过观察发现建筑垃圾再生料颗粒分布均匀，内部结构密实稳定。

4.4 建筑垃圾填筑路基后期观测

路基沉降是公路在建设和使用过程中最常见的病害之一。多年来，由于对路基沉降的原因和机理没有足够的了解和深刻的研究，致使路基沉降在公路建设中普遍存在，引起桥头跳车、路基沉陷、路面早期破损等多种质量病害，直接影响公路的使用质量和社会效益。

为了更好地了解和掌握建筑垃圾填筑路基的沉降规律，选取了有代表性的位置对路堤填筑材料本身和原地基进行沉降观察研究，在路基填筑过程中埋设了单点沉降计和剖面沉降仪等先进沉降观测设备，对建筑垃圾路基填筑后的后期路基沉降进行观测。通过对高填方路基施工完成后的沉降观察分析，力求从中找出建筑垃圾填筑路基的沉降规律，并在公路通车运营期间观察边坡的完整情况、破坏情况，跟踪路基的质量情况，为减少或消除路基沉降引起的质量病害和指导路基、路面施工提供依据。

4.4.1 路基沉降观测

路基沉降观测以路基面沉降和地基面沉降观测为主，沉降变形观测断面根据不同的地基条件、不同的结构部位等具体情况设置。路基面采用观测桩观测，地基面采用沉降板、剖面沉降管和单点沉降计相结合进行观测，有导线的元件应将导线引出至路基坡脚观测箱内。观测元件除沉降观测桩外，其他的均在地基加固完成后建筑垃圾填筑施工前埋设。由于开展本研究的试验段以建筑垃圾作为路基填料的填筑高度较大，路基平均填高≥5.0m，再加上建筑垃圾作为路基填料的特殊性，故本次试验路段施工后观测采用多种观测设备和方案相结合的方法，各种观测方案见表4-10：

4 建筑垃圾应用于回填路基的研究

表 4-10 沉降观测方案

序号	观测内容	观测元件	观测点数量	断面间距
1	路基面沉降观测	观测桩	3个/断面	50m
2	路堤基底全断面观测沉降	剖面沉降管	1个/断面	100m
3	填土沉降观测	单点沉降计	1个/断面	50m

路堤地段从路基填筑开始进行沉降观测,路基填筑完成后应有不少于 6 个月的观测期。路堤填筑至基床底层表面后,在路基面设观测桩,进行路基面沉降观测。观测结果用于分析评价地基的最终沉降量完成时间,同时作为竣工验收时控制沉降量的依据。

水准基点是沉降观测的基准,因此水准基点的布设应满足以下要求:水准基点必须设置在沉降影响范围以外;水准基点最少应布设 3 个,以便相互检核;水准基点和观测点之间的距离应适中,相距太远会影响观测精度,一般应在 100m 范围内。

在一般路基填筑至基床表层顶面后,在路基面中心及左右两侧路肩处埋设沉降观测桩,采用 C20 混凝土桩。路基面两侧观测桩一般设在距左右线路中心 3.2m 处。埋设规格如图 4-12 所示。观测点钢筋头为半球形,高出埋设表面 5mm,表面做好防锈处理。

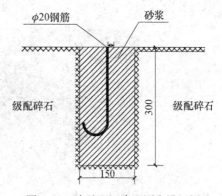

图 4-12 路基面沉降观测点设置图

随着路基填筑结束,虽然地基所受建筑垃圾填料产生的土压力趋于稳定,但由于多种因素(施工、行车、自然因素等)影响并通过以往实际观测资料证明,路基在竣工后还不能立刻稳定下来,需要经过八个月至一年时间,才能使路基逐渐趋于稳定,所以还需进行长期的观测以了解其后期沉降规律。

4.4.2 路基内部应力观测

智能弦式数码土压力盒是一种埋入式精密测量土压力的传感器,如图 4-13 所示。其适用于各种条件下的土体内部应力的测量,也可适用于碎石基础、灰土路基、碾压坝等结构内部应力的测量、长期监测和自动化测量。典型应用有公路、铁路、堤坝、矿山等行业的路基、抗滑桩、挡土墙、隧道等工程的土体内部土压力的测量,测量各种工程土体压力和隧道衬砌压力、边坡抗滑桩、深基坑、支挡桩、各类挡土墙土体侧压力,软基深层垂直向、水平向土压力,重力坝、碾压坝、大堤坝体内部压力以及路基、路堤各类填料内部压力。土压力盒安装埋设时应将其受力膜一侧朝向土体。

① 土压力盒埋设前应先将土压力盒置于与所测环境温度一致的环境中半个小时以上，再用频率测定仪测定其初始频率，该数值应等于或接近该土压力盒出厂标定表中的零点频率，记录该数值将其作为以后代入计算公式的数据。

② 土压力盒光滑一面为工作面，安装时该面必须朝向土体并与拟测压力方向垂直。

③ 在基础施工中，一般在基础下先浇筑找平垫层，土压力盒应埋入垫层下，使土压力盒的工作面直接与土接触。

④ 埋设时，应把埋设处的地基夯实找平，土压力盒工作面外的土介质要争取与扰动前的土体密度尽量一致。土压力盒附近的土宜紧不宜松。

⑤ 为消除介质不均匀引起的局部应力差别，要求土压力盒工作面的直径大于土介质最大颗粒直径的50倍，可以在土压力盒下面铺设经过分选的细砂。

⑥ 从埋设点引出的电缆线应蛇行布置，以免不均匀沉降和变形拉断导线。

⑦ 做边界土压力盒测量时，土压力盒工作面要与构筑物底砸齐平，不要凸出与凹进。凸出了会使得测值增大，凹进了会使得测值减小。

图 4-13　土压力盒

（1）路基基底压力

根据建筑垃圾路基填筑高度主要分为5~6m和8~9m两种，地基处理结束后分别于路基基底埋设多个土压力盒，埋设方案见表4-11。测试埋设后的土压力盒，将观测结果汇总于表4-12。

表 4-11　土压力盒埋设方案

序号	观测内容	观测元件	观测点数量（个/断面）	断面间距（m）	备注
1	路堤基底压力观测	压力盒	1~2	50m	—
3	混凝土桩底压力观测	单点沉降计	3	20m	桩长7m

通过观测发现建筑垃圾路基内分布于某一点的压力很小，路基填筑高速为5~6m和8~9m时的基底压力分别仅为0.071MPa和0.131MPa，由此可以看出与砂砾填料相比，建筑垃圾作为路基填料填筑的路基自重轻的优势十分明显。

表 4-12 土压力盒观测数据汇总

路基填筑高度	序号	试验结果（MPa）	平均值（MPa）
5~6m	1	0.044	0.071
	2	0.095	
	3	0.049	
	4	0.098	
	5	0.068	
8~9m	6	0.117	0.131
	7	0.144	
7m混凝土桩底	8	0.034	0.106
	9	0.177	

(2) 水泥混凝土桩桩底应力

垂直应力盒是一种测量软土地基内垂直向应力的传感器，如图 4-14 所示，适用于软土地基内不同地质层面的垂直向土应力测量，适应长期监测和自动化测量。其安装采用钻孔预埋方式，即在欲观测平面处钻孔至软土地基内欲观测深度后将其受力膜一侧向下埋设，并在钻孔内填充土球。

为了解水泥混凝土桩底的应力情况，本次研究将垂直土压力盒埋入 7m 水泥混凝土桩底，应需提前完成垂直土压力盒的布设。当套筒达到灌注深度后，灌注混凝土之前，将压力盒从钢筒上端入口处投放到灌注桩底侧后再浇筑桩身混凝土，套筒拔出地面后，将连接线引出到路基范围外以便于观测，用于测试混凝土桩底端的压力分布情况，测试结果见表 4-12。由表 4-12 可以看出填筑路基后的水泥混凝土桩底的压力仅为 0.106MPa，将水泥混凝土桩可看做一个刚性导力棒，从侧面我们可以得出路基填料的重力直接作用于地基内部某一点的压力也很小。

图 4-14 垂直土压力盒

4.4.3 孔隙水压力观测

检测路基内部水渗透试验采用的是孔隙水压力计,孔隙水压力计也常称为渗压计,是指用于测量构筑物内部孔隙水压力或渗透压力的传感器,按仪器类型可以分为差动电阻式、振弦式、压阻式及电阻应变片等。本次拟选用常见的振弦式水压力计,用来分析路基内部湿度变化情况。设备布设方案见表4-13。

表4-13 孔隙水压力测试方案

观测内容	观测元件	观测点数量	断面间距
路基内孔隙水压力观测	孔隙水压力计	1个/断面	50m

智能振弦式数码孔隙水压力计是一种测量软土地基孔隙水压力的传感器,如图4-15所示,适用于软土地基内不同地质层面的孔隙水压力测量,适应长期监测和自动化测量。其安装采用钻孔预埋方式,即在欲观测平面处钻孔至观测深度以上0.3~0.5m,再用钻杆将其压入至欲观测深度处,并在钻孔内填充土球。

图4-15 智能振弦式数码孔隙水压力计

在经过秋季雨水期和冬季—春季的冻融期后,施工后的建筑垃圾路基的表面层依然平整,路基表面层无明显凹凸现象,施工层表面无结构性沉陷,边坡无松动骨料,坡面稳定,路基边线直顺,曲线圆滑,可见路基填料的水稳定性较好。

为了解建筑垃圾路基填筑后内部的水渗透情况,将路基挖开至地基层以下,露出路基填筑的整个断面,如图4-16所示。从图中可以看出,水主要聚集在距离路基顶层1.2~2.4m处,即水在2.4m处的第一层复合土工

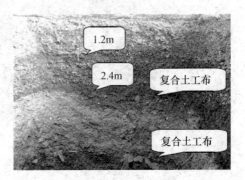

图4-16 路基内部

布的上方就不再继续向下渗透，可见复合土工布起到了很好的防水效果。使用工具对这一含水层路基结构层范围进行了手工触探，发现路基虽然有一定含水率但并未呈现松散、松软状态，内部坚硬，结构密实。进一步通过测试埋设于复合土工布上侧的孔隙水压应力计，测试数据见表4-14。

表4-14 孔隙水压力测试结果表

序号	试验结果（MPa）	平均值（MPa）
1	0.003	0.004
2	0.005	
3	0.005	
4	0.002	

虽然建筑垃圾层经过了雨水的渗透，但通过测试路基内部孔隙水压力，发现路基内部的孔隙水压力很小，仅为0.004MPa。可见建筑垃圾颗粒大，比表面积小，具有含薄膜水少，透水性好，遇水不冻胀，不收缩，能够阻断毛细水上升。在潮湿的环境下，建筑垃圾作为持力层，整体强度变化不大，是道路工程难得的水稳定性和冻稳定性好的路基填料。

5 建筑垃圾及工业固废应用于路面基层的研究

5.1 建筑垃圾再生骨料在底基层中的研究概述

经研究，建筑垃圾用作路基填料具有良好的性能，为了使建筑垃圾得到充分利用，考虑将建筑垃圾用作路面底基层材料使用。底基层是路面结构层的一部分，位于基层之下，主要承受由基层传来的荷载并将其传递到垫层或土基上。在沥青混凝土路面中，底基层和基层一同承担重复作用的交通荷载，具有渗滤和排水的作用。底基层除了必须有一定的厚度外，还应保证在荷载作用下自身不会产生较大的变形，更不会产生疲劳弯拉和剪切破坏。为此需要对建筑垃圾底基层进行力学性能研究，严格要求其强度和刚度。一般建筑垃圾在底基层中的应用主要分为三种：水泥稳定再生骨料无机混合料、水泥粉煤灰稳定再生骨料无机混合料和石灰粉煤灰稳定再生骨料无机混合料。

5.1.1 水泥稳定再生骨料无机混合料

（1）强度形成机理

水泥稳定再生骨料无机混合料强度的形成和发展过程包括四个方面：机械压实、水泥的水化作用、水泥水化物与建筑垃圾再生骨料间的反应以及碳酸化作用。[34]

① 机械压实作用

水泥稳定再生骨料无机混合料经过机械多次碾压夯实，空隙率大大降低，密实度大幅度提高，内部结构骨架非常稳定，这样就提高了混合料的抗压强度，其抵抗变形的能力也随之增强。

② 水泥的水化作用

在水泥稳定再生骨料无机混合料中，水泥中的矿物与水发生水化反应。产生的水化产物具有胶结能力，它们紧紧地将土颗粒包裹并连接起来，使土颗粒原有的塑性等性质丧失。随着水化产物的不断增加，水泥稳定再生骨料无机混合料的强度有所提升。式（5-1）为水泥水化的反应：

$$2(3CaO \cdot SiO_2) + 6H_2O = 3CaO \cdot 2SiO_2 \cdot 3H_2O + 3Ca(OH)_2$$

$$2(2CaO \cdot SiO_2) + 4H_2O = 3CaO \cdot 2SiO_2 \cdot 3H_2O + Ca(OH)_2$$

$$3CaO \cdot Al_2O_3 + 6H_2O = 3CaO \cdot Al_2O_3 \cdot 6H_2O \quad (5\text{-}1)$$

$$4CaO \cdot Al_2O_3 \cdot Fe_2O_3 + 7H_2O = 3CaO \cdot Al_2O_3 \cdot 6H_2O + CaO \cdot Fe_2O_3 \cdot H_2O$$

此外，水泥与水反应，水泥浆从初凝到终凝，最终硬化为具有一定强度的水泥石固体，这样也提高了混合料的强度。水泥的水化速度先快后慢，因此水泥稳定再生骨料无机混合料的早期强度发展较快。

③ 水泥水化产物与建筑垃圾再生骨料的反应

本试验所用建筑垃圾再生骨料主要成分是废砖块和废混凝土块，随着水泥水化产物的不断增加，水泥水化产物与混合料间发生复杂的物理-化学反应，产生大量具有胶结作用的铝酸盐类、硅酸盐类或熟石灰类等化合物，建筑垃圾混合料颗粒间被逐渐粘结固化，形成具有强度的整体，这种固化黏聚力是水泥稳定建筑垃圾再生骨料强度形成的主要来源。

④ 碳酸化作用

水泥水化过程中会产生碳酸氢钙，其反应为式（5-2）：

$$Ca(OH)_2 + CO_2 + nH_2O = Ca(HCO_3)_2 \qquad (5-2)$$

部分碳酸氢钙与黏土矿物产生化学反应，另一部分还可以与空气中的二氧化碳发生碳化反应，形成具有一定强度的碳酸钙晶体。碳酸钙晶体与水泥水化产物将土颗粒包裹并粘结起来，大大提高了混合料的强度[35]。

(2) 技术要求

① 无侧限抗压强度

无侧限抗压强度是指试样在无侧向压力条件下，抵抗轴向压力的极限强度。在三轴试验中，在不加任何侧向压力的情况下，对圆柱体试样施加轴向压力，直至试样剪切破坏为止。试样破坏时的轴向压力以 q_u 表示，即为无侧限抗压强度。水泥稳定再生骨料无机混合料 7d 无侧限抗压强度应符合表 5-1 的规定。

表 5-1 水泥稳定再生骨料无机混合料 7d 无侧限抗压强度

道路等级	快速路		主干路		其他等级道路	
结构部位	基层	底基层	基层	底基层	基层	底基层
7d 抗压强度 (MPa)	≥2.5		3.0~4.0	≥2.5	2.5~3.5	≥2.5

② 含水率

Ⅰ类再生骨料级配的混合料含水率应在 $W_0^{+0.5}_{-1.0}$ 范围内；Ⅱ类再生级配骨料配制的混合料含水率应在 $W_0^{+0}_{-3.0}$ 范围内。

③ 水泥掺量

实际水泥掺量应不小于配合比设计中确定的水泥掺量。

(3) 配合比设计

《道路用建筑垃圾再生骨料无机混合料》（JC/T 2281—2014）[36]对配合比设计有如下规定。

① 试配时水泥掺量宜按表 5-2 选取。

表 5-2　水泥稳定再生骨料无机混合料试配水泥掺量

骨料类别	结构部位	水泥掺量（%）			
Ⅰ类	基层	3	4	5	6
	底基层	3	4	5	6
Ⅱ类	基层	4	5	6	7
	底基层	3	4	5	6

② 应采用重型击实试验方法确定不同水泥掺量、混合料的最佳含水率和最大干密度。

③ 按规定的压实度计算不同水泥掺量试件的干密度。

④ 试件制备、养护和抗压强度测定应符合 JTG E51—2009 的有关要求。

⑤ 根据抗压强度试验结果，选定水泥掺量，水泥最小掺量应不小于 3%；当采用强度等级为 32.5 的水泥时，水泥最小掺量应不小于 4%。用内插法计算最大干密度和最佳含水率。

5.1.2　石灰粉煤灰稳定再生骨料无机混合料

（1）强度形成机理

石灰粉煤灰稳定再生骨料无机混合料强度的形成和发展过程包括四个方面：机械压实作用、离子交换作用、火山灰作用以及结晶与碳酸化作用。

① 机械压实作用

石灰粉煤灰稳定建筑垃圾再生骨料经过机械多次碾压夯实，空隙率大大降低，混合料颗粒间固结作用加强，密实度大幅度提高，这样就提高了混合料的抗压强度，抵抗变形的能力也随之增强。

② 离子交换作用

土的微小颗粒表面吸附着一定数量的低价阳离子，如 Na^+、K^+、H^+ 等。建筑垃圾再生骨料和石灰遇水后会产生大量的高价阳离子，如 Ca^{2+}、Al^{3+} 等。当混合料加入水后，高价阳离子与土中吸附的低价阳离子产生离子交换作用，这样土吸附了高价阳离子后减少了土表面吸附水膜的厚度，使土颗粒间更为接近，单个土颗粒聚成团粒，形成一个稳定结构[37]。

③ 火山灰作用

石灰粉煤灰稳定再生骨料无机混合料的主要强度来源是石灰与粉煤灰的火山灰作用。在石灰粉煤灰稳定再生骨料无机混合料中，随着龄期增长，粉煤灰与石灰间火山灰作用逐渐变强。粉煤灰中最具有活性部分的硅铝玻璃体可与石灰发生火山灰反应。

石灰与水反应生成的碳酸氢钙使硅铝玻璃体表面的氧化硅、氧化铝缓慢溶解，与碳酸氢钙反应生成硅酸钙、硅铝酸钙等复合物。当生成物达到一定浓度后便形成凝胶，这些胶凝物质可以填充颗粒空隙，使混合料颗粒固结起来，大大降低了颗粒间的空隙与透水性，形成具有强度的整体。这是石灰粉煤灰稳定再生骨料无机混合料强度形成的主要来源。由于这种作用缓慢，所以石灰粉煤灰稳定再生骨料无机混合料的早期强度较低[38]。

④ 结晶与碳酸化作用

当石灰的剂量达到一定限度时，饱和的氢氧化钙会自行结晶，其反应为式（5-3）：

$$Ca(OH)_2 + nH_2O \longrightarrow Ca(OH)_2 \cdot nH_2O \tag{5-3}$$

结晶后将混合料颗粒胶结成一个整体。同时，部分碳酸氢钙空气中的二氧化碳发生碳化反应，形成具有一定强度的碳酸钙晶体，其反应为式（5-4）。

$$Ca(OH)_2 + CO_2 \longrightarrow CaCO_3 + H_2O \tag{5-4}$$

结晶的碳酸氢钙与碳酸钙晶体在石灰稳定建筑垃圾混合料中形成网架结构，使混合料的强度、刚度有所提高。

由于石灰和混合料发生了一系列的物理-化学反应，使土的性质发生了根本改变。主要表现为：初期混合料的最佳含水率增加，干密度减小等，后期为结晶结构的形成，从而提高了混合料的强度和稳定性。

(2) 技术要求

① 无侧限抗压强度

石灰粉煤灰稳定再生骨料无机混合料的 7d 无侧限抗压强度应符合表 5-3 的规定。

表 5-3　石灰粉煤灰稳定再生骨料无机混合料 7d 无侧限抗压强度

道路等级	快速路	主干路		其他等级道路	
结构部位	底基层	基层	底基层	基层	底基层
7d 抗压强度（MPa）	≥0.6	≥0.8	≥0.6	≥0.8	≥0.5

② 含水率

Ⅰ类再生骨料级配的混合料含水率应在 $W_0^{+0.5}_{-1.5}$ 范围内；Ⅱ类再生级配骨料配制的混合料含水率应在 $W_0^{+0.5}_{-2.5}$ 范围内。

③ 石灰掺量

实际石灰掺量应不小于配合比设计中确定的石灰掺量。

④ 抗冻性能

中冰冻、重冰冻区路面基层 28d 龄期试件 5 次冻融循环后的残留抗压强度比不宜小于 70%。

注：冰冻区是以冻结指数为指标进行划分，重冻区不小于 2000℃·d，中冻区 800~2000℃·d。冻结指数是每年冬季负温度与天数乘积的累积值（℃·d）。

(3) 配合比设计

① 制备不同比例的石灰粉煤灰混合料，采用重型击实试验方法确定不同比例石灰粉煤灰混合料的最佳含水率和最大干密度，对比相同龄期和相同压实度的抗压强度，

选用试件强度最大的石灰粉煤灰比例。

② 试配时石灰掺量宜按表 5-4 选取。根据（1）确定石灰粉煤灰比例计算粉煤灰用量。

表 5-4　石灰粉煤灰稳定再生骨料无机混合料试配石灰掺量

结构部位	石灰掺量（%）			
基层	4	5	6	7
底基层	3	4	5	6

③ 应采用重型击实试验方法确定不同石灰掺量混合料的最佳含水率和最大干密度。
④ 按规定的压实度计算不同石灰掺量试件的干密度。
⑤ 试件制备、养护和抗压强度测定应符合 JTG E51—2009 的有关要求。
⑥ 根据抗压强度试验结果，选定石灰掺量，石灰最小掺量应不小于 3%；当采用Ⅱ类再生级配骨料时，石灰最小掺量不宜小于 4%。用内插法计算混合料的最大干密度和最佳含水率。

5.1.3　水泥粉煤灰稳定再生骨料无机混合料

（1）强度形成机理

水泥粉煤灰稳定再生骨料无机混合料强度形成机理与水泥稳定再生骨料无机混合料强度形成机理相似，其主要强度来源是水泥的水化作用，以及粉煤灰的火山灰作用[39-40]。

（2）技术要求

① 无侧限抗压强度

水泥粉煤灰稳定再生骨料无机混合料 7d 无侧限抗压强度应符合表 5-5 的规定。

表 5-5　水泥粉煤灰稳定再生骨料无机混合料 7d 无侧限抗压强度

道路等级	快速路	主干路	其他等级道路	
结构部位	底基层	底基层	基层	底基层
7d 抗压强度（MPa）	≥1.0	≥1.0	1.2~1.5	≥0.6

② 含水率

Ⅰ类再生骨料级配的混合料含水率应在 $W_0^{+0.5}_{-1.5}$ 范围内；Ⅱ类再生级配骨料配制的混合料含水率应在 $W_0^{+0.5}_{-2.5}$ 范围内。

③ 水泥掺量

实际水泥掺量应不小于配合比设计中确定的水泥掺量。

（3）配合比设计

① 试配时水泥掺量宜在 3%~5% 范围内；水泥粉煤灰与骨料的质量比宜为 (12~17)∶(88~83)。

② 应采用重型击实试验方法确定不同水泥掺量混合料的最佳含水率和最大干密度。
③ 按规定的压实度计算不同水泥掺量试件的干密度。
④ 试件制备、养护和抗压强度测定应符合 JTG E51—2009 的有关要求。
⑤ 根据抗压强度试验结果，选定水泥掺量，水泥最小掺量应不小于 3%。用内插法计算混合料的最大干密度和最佳含水率。

5.1.4 工业废渣稳定材料

（1）概述

筑路常用的工业废渣主要有火力发电厂的粉煤灰和炉渣、钢铁厂的高炉渣和钢渣、化肥厂的电石渣，以及煤矿的煤矸石等。粉煤灰和炉渣中含有较多的二氧化硅、氧化钙和氧化铝等活性物质。用石灰稳定工业废渣时，石灰在水的作用下形成饱和的 $Ca(OH)_2$ 溶液，废渣的活性氧化硅和氧化铝在 $Ca(OH)_2$ 溶液中产生火山灰反应，生成水化硅酸钙和铝酸钙凝胶，把颗粒胶凝在一起，随水化物不断产生而结晶硬化，具有水硬性。温度较高时，强度增长快，因此，石灰稳定工业废渣最好在热季施工，并加强保湿养生。

工业废渣稳定材料规定以石灰或水泥为结合料，以炉渣、钢渣、矿渣等工业废渣为主要被稳定材料，通过加水拌和形成的混合料。工业废渣材料主要用石灰与之综合稳定，又可分为石灰粉煤灰稳定土类和石灰其他废渣稳定土类。石灰粉煤灰稳定土类是指用石灰粉煤灰稳定工业废渣或某种土的混合物而得到的混合料；石灰其他废渣稳定土类是指用石灰废渣稳定某种土或工业废渣与某种土的混合物而得到的混合料。

石灰稳定工业废渣基层具有水硬性、缓凝性、强度高、稳定性好，且强度随龄期不断增加，抗水、抗冻、抗裂而且收缩性小，适应各种气候环境和水文地质条件等特点[41-42]。

所以，近几年来，修筑高等级公路，常选用石灰稳定工业废渣做高级或次高级路面的基层或底基层。

（2）对材料要求

① 石灰

工业废渣基层所用的结合料是石灰或石灰下脚料。石灰的质量宜符合Ⅲ级以上技术指标。

② 废渣材料

粉煤灰是火力发电厂燃烧煤粉产生的粉状灰渣，主要成分是二氧化硅（SiO_2）、三氧化二铝（Al_2O_3）和三氧化二铁（Fe_2O_3），其总含量一般要求超过 70%。粉煤灰的烧失量一般要小于 20%，如达不到上述要求，应通过试验确定能否采用。干粉煤灰和湿粉煤灰都可以应用。干粉煤灰堆放时应洒水以防飞扬。湿粉煤灰堆放时含水率不宜超过 35%。粉煤灰比表面积宜大于 2500 cm^2/g（或 70% 通过 0.075mm 筛孔）。

③ 粒料（砾料）

高速公路和一级公路骨料的压碎值应不大于30%，二级和二级以下公路骨料的压碎值应不大于35%。颗粒最大粒径，高速公路和一级公路不大于31.5mm，二级和二级以下公路不大于37.5mm。石灰工业废渣混合料中粒料宜占80%以上，并有良好的级配；二灰砂砾混合料应符合表5-6规定，二灰碎石混合料应符合表5-7规定。

表5-6 二灰砂砾混合料的级配范围表

筛孔尺寸（mm）	37.5	31.5	19	9.5	4.75	2.36	1.18	0.6	0.075
通过百分率（%）（基层）	—	100	85~98	55~75	39~59	27~47	17~35	10~25	0~10
通过百分率（%）（底基层）	100	85~100	65~89	50~72	35~55	25~45	17~35	10~27	0~15

表5-7 二灰碎石混合料的级配范围表

筛孔尺寸（mm）	37.5	31.5	19	9.5	4.75	2.36	1.18	0.6	0.075
通过百分率（%）（基层）	—	100	85~98	55~75	30~50	16~36	10~25	4~18	0~5
通过百分率（%）（底基层）	100	94~100	79~92	51~72	30~50	16~36	10~25	4~18	0~5

（3）混合料组成设计

石灰工业废渣混合料的组成设计内容包括根据表5-8规定的7d无侧限抗压强度标准，通过试验选取适宜于稳定的土，确定石灰与粉煤灰或石灰与炉渣的比例，确定石灰粉煤灰或石灰炉渣与土的比例（均为质量比），确定混合料的最佳含水率。

表5-8 二灰混合料的强度（MPa）和压实度（%）标准

使用层次	高速和一级公路		二级和二级以下公路	
	强度（MPa）	压实度（%）	强度（MPa）	压实度（%）
基层	≥0.8	≥98	≥0.6	中、粗粒土97，细粒土96
底基层	≥0.6	中、粗粒土97，细粒土96	≥0.5	中、粗粒土96，细粒土95

注：混合料额设计方法和步骤可参照石灰稳定土进行。

（4）石灰炉渣类基层

石灰炉渣（简称"二渣"）基层是用石灰和炉渣按一定配合比，加水拌和、摊铺、碾压、养生而成型的基层。"二渣"中如掺入一定量的粗骨料便称"三渣"；掺入一定量的土，便成为石灰炉渣土。混合料的配合比应满足规定的强度标准。各地可根据当地气候、水文地质条件、公路等级及实践经验参照如下配比选用。

采用石灰炉渣做基层或底基层时，石灰与炉渣的比可以是20:80~15:85。

采用石灰炉渣土做基层或底基层时（土为细粒土），石灰与炉渣的比可用1:1~1:4，但混合料的石灰不应小于10%，石灰炉渣与土的比可用1:1~1:4。

采用石灰炉渣粒料做基层或底基层时，$m_{石灰}:m_{炉渣}:m_{粒料}$可以是(7~9):(26~33):(58~67)。

为了提高石灰炉渣和石灰炉渣土的早期强度，可外加1%~2%的水泥。

石灰炉渣、石灰炉渣土和"三渣"皆具有水硬性，物理力学性质基本上与石灰土相似，但其强度与水稳定性都比石灰土好。石灰炉渣的28d强度可达1.5~3.0MPa，并随龄期而增长。初期强度增长慢，尚有一定的塑性，但达到一定龄期后，处于弹性工作状态，成板体具有刚性，当冷缩和干缩时，易产生裂缝。研究表明，当采用石灰炉渣粒料时，抗缩裂能力有所改善。

5.2 再生骨料在水泥稳定碎石基层中的路用性能研究

本小节内容选自重庆交通大学彭亮的《再生骨料在水泥稳定碎石基层中的路用性能研究》[43]的相关研究成果。文中主要依托国道207线雷州市龙门水库至徐闻县海安港码头段路面改造工程，试验所用的废弃混凝土均来自该地区破损的路面。主要介绍水泥稳定建筑垃圾混合料的配合比、路用性能及后期观测，对其作为路面底基层材料的可行性加以验证。

5.2.1 水泥稳定再生骨料基层混合料配合比设计

（1）影响混合料强度的因素

原材料的特征、颗粒间的级配、混合料的配合比、施工环境和养生方法等都会对混合料的强度产生影响，主要包括：

① 土质

大量的试验和实际工程表明，相比砂性土、粉性土和黏性土，在水泥稳定土中添加级配优良的碎石和砂砾其强度是最高的，而且水泥用量也是最少的。多数情况下土的塑性指数不应高于17。

水泥的水解速度将被土中有机质所抑制，但不是所有的有机质对水泥的水解、水化和硬化都具有同样的作用，抑制程度的大小取决于腐殖质的成分。吸收性钠是存在于土中的有害成分，由于它能分开土中的黏土胶粒，使土的微结构遭到损坏，提高土的分离性，从而使土的膨胀性和塑性提高。

② 水泥的成分和剂量

水泥的活性和比表面积增加会使水泥稳定土的强度变强，主要原因是水泥比表面积增加，水泥颗粒与土中的颗粒和细小团粒的接触面积也会增加，水泥将会均匀地分散在土体中，从而充分发挥水泥的结合性能。提高水泥剂量水泥稳定土的强度也会提高，多数情况下结合技术和经济因素来明确水泥剂量的用量大小。

③ 水

水泥稳定土的强度受含水率的影响，若含水率不充裕，混合料中水泥的水化和水解将会不充分，从而使水泥对骨料的胶结力不强，最终水泥稳定土的强度将会受到影响，同时，水泥稳定土的压实度也会因为达不到最佳含水率而受影响。因此，确保混合料中的含水率达到最佳含水率是至关重要的。

通常试验使用饮用水,但是应避免采用有机质含量高的水,可以使用含盐量高的水。

④ 工艺过程及养生条件

将水、水泥和混合料充分拌和后,得到水泥稳定土的强度和稳定性也就好,如果不能充分地进行拌和,裂缝就会在水泥剂量多的部位出现,而水泥剂量少的部位强度将会下降。水泥稳定土的强度也受到压实度的影响,从最初加水进行拌和到压实结束的间隔时段会对水泥稳定土的密实程度和强度有非常大的影响,如果延长拌和时间或压实不及时,将会有少量水泥凝结成硬块,最后导致混合料不易压实。

水泥稳定土的强度与龄期之间的关系为指数关系,龄期增长强度也会增加。水泥剂量和养护方式不同时,强度增加的快慢也是不相同的。

通过以上分析可知,在进行水泥稳定再生骨料基层混合料配合比设计时,可以参考水泥稳定土的强度形成机理和影响强度的因素,以便得到更加符合实际工程的配合比。

通过第3章对再生骨料的基本特性进行试验研究可以知道:与天然骨料相比,再生骨料的吸水率、压碎值、空隙率均较大。所以本章结合再生骨料的特性对水泥稳定再生骨料基层混合料配合比设计进行研究。

正是因为水泥稳定碎石强度高、整体性好,在高等级公路基层,底基层中经常使用。但是水泥稳定基层很容易产生裂缝,该裂缝容易使水泥混凝土面层产生反射裂缝,所以,配合比设计应科学规范地进行。

(2) 混合料配合比设计流程

参照粗骨料和细骨料的筛分结果,选取适当的矿料组成比例,并根据工程经验初步明确水泥剂量的掺配范围,由击实试验确定最大干密度和最佳含水率,然后将制备的试件分别进行7d无侧限抗压强度试验,并对试验数据进行对照分析,最终确定目标配合比和生产配合比。

大颗粒骨料之间形成相互嵌挤的骨架结构,而水泥、细颗粒将骨架之间的空隙填充密实,从而使整个结构处于一种致密状态,这种结构称为骨架密实结构该结构强度较高,抗裂性好。为了使试件的结构为骨架密实结构,首先要对混合料配合比进行科学设计,从而确保水泥稳定再生骨料混合料的各项性能。结合规范和实际工程经验,并在综合考虑强度、回弹模量等前提下去选择骨料级配、水泥剂量等。图5-1为混合料配合比的设计步骤。

(3) 水泥稳定再生骨料基层混合料组成设计

① 原材料选定及检验

a. 矿料级配要求

矿料级配应符合《公路路面基层施工技术细则》(JTG/T F20—2015)[26]中的规定,见表5-9。

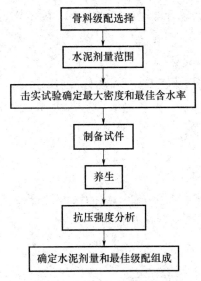

图 5-1　混合料配合比设计步骤

表 5-9　水泥稳定碎石构成区间

结构层	通过下列方孔筛（mm）的质量百分率							
	31.5	26.5	19	9.5	4.75	2.36	0.6	0.075
基层	100	—	68～86	38～58	22～32	16～28	8～15	0～3

b. 粗、细骨料规格

破碎废弃混凝土得到再生骨料粒径分别为 10～30mm 碎石、10～20mm 碎石、石屑。再生骨料压碎值为 16.5%，粒径不超过 0.5mm 的颗粒其液限和塑性指数分别为 13.9%、2.1；含泥量的粒径 10～30mm 的颗粒 0.6%，石屑 3.1%。

c. 水泥

使用普通硅酸盐水泥来进行本次试验，经抽检，该水泥满足规范对它的要求，可以使用。

② 混合料组成设计

a. 矿料级配

选取第一组矿料组成比例为 10～30mm 碎石 : 10～20mm 碎石 : 石屑 = 10% : 45% : 45%，矿料级配见表 5-10。

表 5-10　基层矿料级配

合成级配	通过下列筛孔（mm）质量百分率（%）						
	31.5	19	9.5	4.75	2.36	0.6	0.075
目标合成级配	100	74.6	45.5	27.7	18.0	8.5	2.9
级配下限	100	68	38	22	16	8	0
级配上限	100	86	58	32	28	15	3

通过对表5-10中的数据进行整理可知：上述矿料筛分结果满足规范对于水泥稳定碎石级配范围的要求。

b. 确定水泥剂量的掺配范围

根据规范规定当基层采用水泥稳定材料时，设计要求7d无侧限饱水抗压强度标准值应大于4.0MPa。结合实际工程和施工经验，采用3.0%、4.0%、4.5%、5.0%、6.0%五种水泥剂量（即水泥：骨料为3.0∶100、4.0∶100、4.5∶100、5.0∶100、6.0∶100）。

c. 标准击实试验

在上述比例的矿料中分别掺加五种不同的水泥剂量来进行标准击实试验，最后在不同水泥剂量下确定各自的最大干密度和最佳含水率，结果如图5-2～图5-6及表5-11所示。

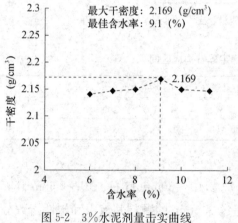

图5-2 3%水泥剂量击实曲线

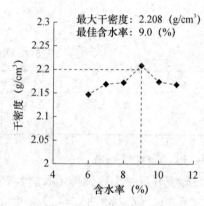

图5-3 4%水泥剂量击实曲线

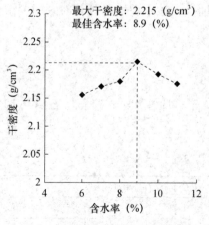

图5-4 4.5%水泥剂量击实曲线

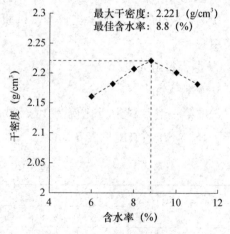

图5-5 5%水泥剂量击实曲线

5 建筑垃圾及工业固废应用于路面基层的研究

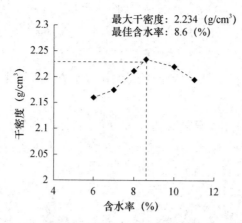

图 5-6　6%水泥剂量击实曲线

表 5-11　混合料试件中各部门用量计算汇总

水泥剂量（%）			3.0	4.0	4.5	5.0	6.0
试件干密度（g/cm³）			2.169	2.208	2.215	2.221	2.234
一个试件所需材料质量		水泥	164	221	248	275	328
	碎石	10~30mm（10%）	546	552	551	550	548
		10~20mm（45%）	2461	2480	2476	2471	2462
	石屑（45%）		2461	2480	2476	2471	2462
	需要加水量		512	516	512	507	499
一个试件混合料质量			6144	6249	6263	6274	6299

d. 制备试件

由击实试验确定各参数大小，并结合现有的规范规定，通过振动成型方法来成型混合料试件，试件为 $\phi 150mm \times 150mm$ 的圆柱体，工地压实度按 98% 来控制，成型一个试件所需各材料质量计算方法如下：

在单一水泥剂量下成型一个试件需要各组成材料的数量：

假设碎石和水泥中不含有水，然后用 6700g 混合料来成型一个试件。水泥剂量为 4.5% 的试件其组成材料用量计算方式如下：

水泥：　　　　　6700×[4.5/（100+4.5）]=289（g）
骨料：　　　　　6700×[100/（100+4.5）]=6411（g）
需要加水：　　　6700×8.9%=596.3（g）

成型一个试件所需混合料的数量：

$m = v\rho k(1+w_0)$ =（π×15×15）/4×15×2.215×98%×（1+8.9%）=6263（g）

所需干混合料的数量：6263÷（1+8.9%）=5751（g）

水：　　　　　　5751×8.9%=512（g）
水泥：　　　　　5751×[4.5/（100+4.5）]=248（g）

10～30mm 碎石： (5751－248)×10％＝551（g）
10～20mm 碎石： (5751－248)×45％＝2476（g）
石屑： (5751－248)×45％＝2476（g）

不同水泥剂量下试件所需原材料的数量均由以上方法来计算，计算结果见表 5-11。

a. 7d 无侧限抗压强度试验

将制备的试件进行养生，具体养生时间分为 6d 标准养生和 1d 浸水养生，然后参照规范的要求检测 7d 无侧限饱水抗压强度。无侧限抗压强度试验仪如图 5-7 所示，并依据试验结果，计算强度代表值 R_d^0，结果见表 5-12。

图 5-7 无侧限抗压强度试验仪

表 5-12 抗压强度试验结果汇总

水泥剂量	3.0	4.0	4.5	5.0	6.0
强度平均值 $\bar{R}$（MPa）	3.9	4.1	4.9	5.2	5.6
强度标准差 δ（MPa）	0.29	0.32	0.42	0.41	0.43
强度变异系数 C_V（％）	7.5	7.7	8.5	7.8	7.6
$R_d^0=\bar{R}(1-1.645C_V)$（MPa）	3.42	3.58	4.21	4.53	4.89
$R_d^0 \geqslant R_d$	否	否	是	是	是

参照《公路路面基层施工技术细则》（JTG F20—2015）中的要求，依据本次配合比得到的试验数据来制备混合料试件，并进行混合料延时成型试验，延迟时间设为 2h，通过对比延时前后试件的强度和干密度，可以发现不同水泥剂量下试件的强度和干密度受延时的影响各不相同，结果见表 5-13。

表 5-13 延时 2h 最大干密度与抗压强度损失对照

水泥剂量（%）	延时前		延时后		损失量（%）	
	强度（MPa）	干密度（g/cm³）	强度（MPa）	干密度（g/cm³）	强度（MPa）	干密度（g/cm³）
3.0	3.42	2.169	3.21	2.214	6.1	2.0
4.0	3.58	2.208	3.43	2.158	4.2	2.3
4.5	4.21	2.215	4.09	2.178	2.9	1.8
5.0	4.53	2.221	4.35	2.153	3.9	3.1
6.0	4.89	2.234	4.70	2.163	3.8	3.2

（4）目标配合比

参照以上试验方法，共选取三组不同的矿料级配，第二组矿料组成比例为10～30mm碎石：10～20mm碎石：石屑＝22%：30%：48%；第三组矿料组成比例为10～30mm碎石：10～20mm碎石：石屑＝15%：38%：47%。依次进行标准击实试验确定相应参数，制备试件，测定 7d 无侧限抗压强度试验进行强度分析，试验过程与上文第一组矿料级配同。在此对试验过程及结果不再叙述。

对以上三组配合比的试验结果进行分析，并采用如下方法确定最佳水泥剂量和目标配合比：

① 对以上三组矿料比例分别进行筛分试验，通过试验数据可知，三组设计级配均满足规范要求。

② 通过对抗压强度试验数据进行分析可知，当水泥剂量为3%、4%时，试件计算强度代表值均小于 4.0MPa，不符合水泥稳定材料 7d 饱水无侧限抗压强度标准 R_d 对基层的要求[44]；而水泥剂量为 4.5%、5.0%、6.0%时，试件计算强度代表值均大于 4.0MPa，符合水泥稳定材料 7d 饱水无侧限抗压强度标准 R_d 对基层的要求。

③ 由于试验结果存在误差，采用如下式子：$R_d^0 = \overline{R}(1 - Z_\alpha C_V)$ 分别验算水泥剂量为 4.5%、5%、6%时的抗压强度数据，通过验算的结果可以知道这三种水泥剂量下的抗压强度符合设计强度指标要求。

④ 通过对延迟 2h 后不同水泥剂量下试件的抗压强度和最大干密度损失情况进行分析可知：相比其他矿料组成比例，矿料配比为 10～30mm 碎石：10～20mm 碎石：石屑＝10：45：45，水泥剂量为 4.5%时，水泥稳定碎石混合料的抗压强度和最大干密度损失量是最低的。

⑤ 从工程经济的角度出发，当水泥剂量为 4.5%时，试件的抗压强度不仅符合设计要求，而且此时的水泥用量最少，相比其他矿料组成比例，矿料配比为 10～30mm 碎石：10～20mm 碎石：石屑＝10：45：45 时，水泥稳定碎石混合料 7d 饱水无侧限抗压强度是最高的，综合以上分析的结论选取试验室配合比（目标配合比）

为：10～30mm 碎石：10～20mm 碎石：石屑：水泥剂量＝10：45：45：4.5％，混合料的最佳含水率和最大干密度分别为 8.9％、2.215g/cm³，施工时压实度按 98％来控制。

(5) 确定生产配合比

根据规范的要求，水泥剂量的大小要参考施工情况，所以对室内确定的配合比进行适当调整，施工方法如果选择集中厂拌法，水泥剂量要提高 0.5％，若对粗粒土进行拌和，含水率要较最佳含水率提高 0.5％～1.0％，所以经调整后得到的生产配合比为：10～30mm 碎石：10～20mm 碎石：石屑：水泥剂量＝10：45：45：5.0％，混合料最佳含水率和最大干密度分别为 9.4％、2.215g/cm³，施工时压实度按 98％来控制。

5.2.2 路用性能研究

通过前期理论分析和室内试验研究，确定了水泥稳定再生骨料基层混合料的配合比，为了进一步评估水泥稳定再生骨料基层混合料路用性能的优劣，必须对设计配合比进行一系列路用性能的检验。本小节研究水泥稳定再生骨料基层混合料的一些路用性能指标，如各种力学试验、抗冻融循环试验及抗冲刷试验等，希望从总体上把握水泥稳定再生骨料基层混合料的路用性能，并为实际工程设计和施工提供必要的指导依据。

(1) 劈裂强度试验

在比例为 10～30mm 碎石：10～20mm 碎石：石屑＝10：45：45 的矿料中分别添加 3％、4％、4.5％、5％和 6％五种不同水泥剂量，然后在已知的最佳含水率和最大干密度下利用振动成型方法制备试件，每种水泥剂量下的 7d、28d、90d、180d 龄期的劈裂强度试件各 6 个，共 120 个，最后在不同龄期下分别进行劈裂强度试验。

① 劈裂强度试验步骤

从水中取出试件，将其表面的水分擦拭干，称其质量并测量其高度（h），然后将试件横放在压力机起落台的压条上，试件顶部也放置上压条，紧接着将球形支座放置在上压条上，确保其处于试件的中部，随后开始加载，确保加载速率维持在 1mm/min 左右，最后将试件破坏时的最大压力 P（N）记录下来。计算劈裂强度的公式如下：

$$R_i = 0.004178 \frac{P}{h} \tag{5-5}$$

式中　R_i——试件的间接抗拉强度（MPa）；
　　　P——试件破坏时的最大压力（N）；
　　　h——浸水后试件的高度（mm）。

② 劈裂强度试验结果

做完劈裂强度试验后得到的试验数据见表 5-14 及图 5-8～图 5-11 所示。

表 5-14　四个龄期劈裂强度试验结果

类别	水泥剂量（%）	3	4	4.5	5	6
再生骨料	7d 劈裂强度（MPa）	0.313	0.386	0.425	0.471	0.584
	偏差系数（%）	3.21	2.97	4.5	4.58	4.74
	28d 劈裂强度（MPa）	0.448	0.645	0.721	0.770	0.923
	偏差系数（%）	1.957	9.84	1.45	1.62	6.74
	90d 劈裂强度（MPa）	0.52	0.82	1.06	1.19	1.58
	偏差系数（%）	7.68	5.34	4.21	3.18	3.94
	180d 劈裂强度（MPa）	0.78	0.92	1.12	1.26	1.75
	偏差系数（%）	8.25	6.85	6.74	6.56	3.84

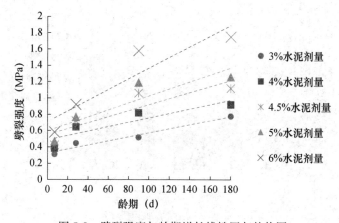

图 5-8　劈裂强度与龄期增长线性回归趋势图

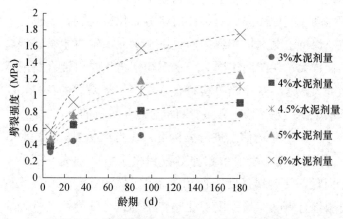

图 5-9　劈裂强度与龄期增长对数回归趋势图

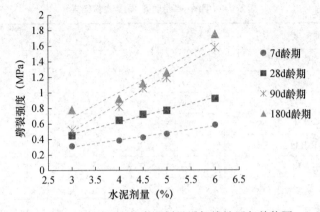

图 5-10 劈裂强度与水泥剂量增加线性回归趋势图

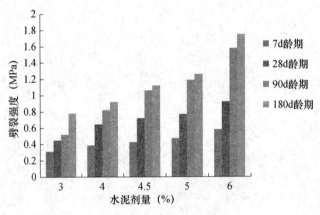

图 5-11 劈裂强度增加趋势柱形图

a. 对表 5-14 中的数据分析可以得到,水泥稳定再生骨料混合料在不同水泥剂量、龄期下进行劈裂强度试验,其劈裂强度的偏差系数均小于 10%,符合规范的要求,由此可以说明采用振动成型方法成型的试件质量分布比较均匀,这也正是骨架密实型结构所具有的特点。保持水泥剂量一致的前提下,水泥稳定再生骨料混合料的劈裂强度随着龄期的增长而增大;在龄期相同时,水泥稳定再生骨料混合料的劈裂强度随着水泥剂量的增多而变大,这些变化趋势均符合水泥稳定类基层的特点,说明在各类交通条件下的路面基层中使用水泥稳定再生骨料混合料是可行的。

b. 对图 5-8~图 5-10 中的信息进行分析可知,当水泥剂量相同时,水泥稳定再生骨料混合料的劈裂强度线性相关系数和对数相关系数分别为 0.78~0.95 和 0.96~0.99;当龄期相同时,其劈裂强度线性相关系数为 0.94~0.99。说明在龄期相同时,水泥稳定再生骨料混合料的劈裂强度变化趋势更加符合线性相关性,而在水泥剂量相同时,其劈裂强度变化趋势更加符合对数相关性。

c. 对图 5-11 中的信息进行分析可知,180d 龄期的劈裂强度是 7d 龄期的 2.49~2.99 倍,180d 龄期的劈裂强度是 28d 龄期的 1.42~1.89 倍,180d 龄期的劈裂强度是

90d 龄期的 1.05~1.5 倍，说明水泥稳定再生骨料混合料劈裂强度在前期增长较快，后期增长较缓慢，这些变化规律和水泥稳定类基层性能变化的特点很相似。

（2）无侧限抗压回弹模量

在比例为 10~30mm 碎石：10~20mm 碎石：石屑＝10：45：45 的矿料中分别添加 3%、4%、4.5%、5% 和 6% 五种不同水泥剂量，然后在已知的最佳含水率和最大干密度下利用振动成型方法制备试件，每种水泥剂量下的 28d、90d、180d 龄期的无侧限抗压回弹模量试件各 6 个，共 90 个，最后在不同龄期下分别进行无侧限抗压回弹模量试验。

① 无侧限抗压回弹模量试验步骤

选择符合条件的测力计和试验机，调整机器的参数，将浸水后的试件放在加载底板上，并且在试件顶面撒上少量细砂，然后把千分表和测变形装置安置好，紧接着进行预压，记录加载和卸载后的读数，最后根据单位压力（P）与回弹变形（l）之间的相关曲线来计算回弹模量。计算抗压回弹模量的公式如下：

$$E_c = \frac{Ph}{l} \tag{5-6}$$

式中　E_c——抗压回弹模量（MPa）；

　　　P——单位压力（MPa）；

　　　h——试件高度（mm）；

　　　l——试件回弹变形（mm）；

② 无侧限抗压回弹模量试验结果

做完无侧限抗压回弹模量试验后得到的结果见表 5-15 及图 5-12~图 5-14 所示。

表 5-15　四个龄期劈裂强度试验结果

类别	水泥剂量（%）	3	4	4.5	5	6
再生骨料	28d 抗压回弹模量（MPa）	2875.3	2889.5	3245.2	4065.4	4705.1
	偏差系数（%）	12.35	6.48	7.12	10.05	12.74
	90d 抗压回弹模量（MPa）	3558.1	3772.1	4528.7	4981.2	5686.8
	偏差系数（%）	11.08	10.24	9.49	8.29	10.08
	180d 抗压回弹模量（MPa）	5261.4	5562.9	6014.6	6528.1	7184.2
	偏差系数（%）	6.28	12.45	12.89	13.62	3.71

a. 通过对表 5-15 中的数据分析可知，水泥稳定再生骨料混合料在不同水泥剂量、龄期下进行抗压回弹模量试验，其抗压回弹模量的偏差系数均小于 15%，满足要求。保持水泥剂量一致的前提下，水泥稳定再生骨料混合料的抗压回弹模量随着龄期的增长而增长；在龄期一致时，其抗压回弹模量随着水泥剂量的增多而增加，这些变化趋势均符合水泥稳定类基层的特征。水泥稳定再生骨料混合料的抗压回弹模量在 28d、90d、180d 龄期分别为 2875~4706MPa、3558~5687MPa、5261~7185MPa，其抗压回弹模量符合不同级别的道路对半刚性基层的要求。

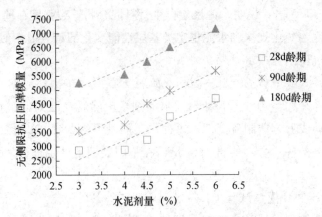

图 5-12　无侧限抗压回弹模量与水泥剂量增加线性回归趋势图

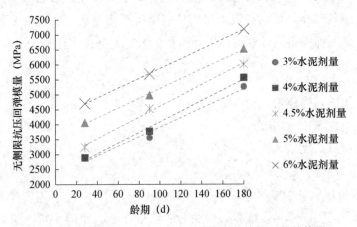

图 5-13　无侧限抗压回弹模量与龄期增加线性回归趋势图

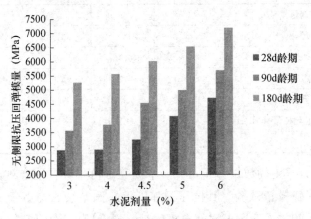

图 5-14　抗压回弹模量增加趋势柱形图

b. 对图 5-12 和图 5-13 中的信息进行分析可以知道，当龄期为 28d 时，不同水泥剂量下的抗压回弹模量线形回归系数为 0.85，而其他龄期下，不同水泥剂量的抗压回弹模量线形回归系数均大于 0.90；水泥剂量相同时，不同龄期的线形回归系数均大于

0.9，由此说明水泥稳定再生骨料混合料的抗压回弹模量性能比较平稳，采用振动成型方法成型试件是适用的，并且抗压回弹模量与水泥剂量和龄期之间的关系趋近线形关系。

c. 对图 5-14 中的信息进行分析可知，90d 龄期的抗压回弹模量是 28d 龄期的 1.2～1.39 倍，180d 龄期的抗压回弹模量是 28d 龄期的 1.52～1.92 倍，180d 龄期的抗压回弹模量是 90d 龄期的 1.26～1.47 倍，说明水泥稳定再生骨料混合料抗压回弹模量在 28d 之前增长得很快，28d 到 90d 增长得较快，90d 到 180d 之间增长得较慢，这些变化规律和水泥稳定类基层性能变化的特征很相似。

(3) 抗冻融循环性能

在比例为 10～30mm 碎石：10～20mm 碎石：石屑＝10：45：45 的矿料中分别添加 3%、4%、4.5%、5% 和 6% 五种不同水泥剂量，然后在已知的最佳含水率和最大干密度下利用振动成型方法制备试件，每种水泥剂量下的 28d、90d 龄期的冻融循环试件各 6 个，共 60 个。

组成基层的材料大多数具有一定的空隙，这类材料受气温变化作用时，其内部孔隙水会因为冻胀而产生附加内应力，这部分附加内应力将会使材料空隙壁受到反复的挤压力，最终使其遭到破坏。又因为水结冰时会使体积膨胀，而与其接触的面将会产生非常大的压力，该压力值的高低不但与空隙的含水率有关，并且与空隙形状及水的冻结速率有关。根据以上分析可知，冻融循环试验经常用来判断孔隙材料的耐久性和抗冻性。

① 冻融循环试验步骤

在养生 28d、90d 后对试件分别进行冻融循环试验。将冻融试件放在低温箱内，确保箱内的温度为 －18℃，冻结 16h 后，拿出并称其质量，接着把试件放置在 20℃ 的水盆中进行融解，融解时间为 8h，待时间达到后取出试件称其质量，一次冻融循环即结束，紧接着将该试件再次放入低温箱进行第二次冻融循环，如此进行 10 次冻融循环。然后待冻融循环结束后测定它们的质量损失率（$m_{损}$）和强度损失率（$P_{损}$），计算公式如下：

$$m_{损} = \frac{m_{原} - m_{后}}{m_{原}} \times 100\% \tag{5-7}$$

$$p_{损} = \frac{p_{原} - p_{后}}{p_{原}} \times 100\% \tag{5-8}$$

式中　$m_{原}$——试验前试件的质量（g）；

　　　$m_{后}$——试验后试件的质量（g）；

　　　$p_{原}$——试验前试件的无侧限抗压强度（MPa）；

　　　$p_{后}$——试验后试件的无侧限抗压强度（MPa）。

② 冻融循环试验结果

做完 10 次冻融循环后的试验结果如表 5-16、图 5-15、图 5-16 所示。

表 5-16 冻融循环后的试验结果

龄期	水泥剂量（%）	3	4	4.5	5	6
28d	原试件质量（g）	6250	6365	6340	6330	6335
	冻融后质量损失（g）	56.2	38.1	30.1	24.5	15.9
	冻融后质量损失率（%）	0.85	0.54	0.49	0.38	0.26
	冻融后抗压强度（MPa）	4.565	6.821	7.215	7.982	10.356
	冻融后质量损失率（%）	20.5	17.9	15.2	12.4	8.6
90d	原试件质量（g）	6150	6205	6242	6307	6342
	冻融后质量损失（g）	31.5	22.8	18.6	16.5	12.7
	冻融后质量损失率（%）	0.47	0.39	0.28	0.24	0.19
	冻融后抗压强度（MPa）	8.312	8.508	9.871	11.125	13.478
	冻融后质量损失率（%）	14.5	13.8	12.6	11.7	7.9

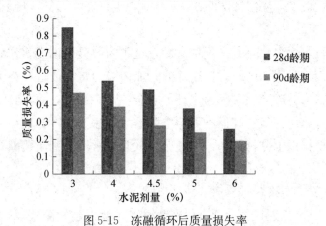

图 5-15 冻融循环后质量损失率

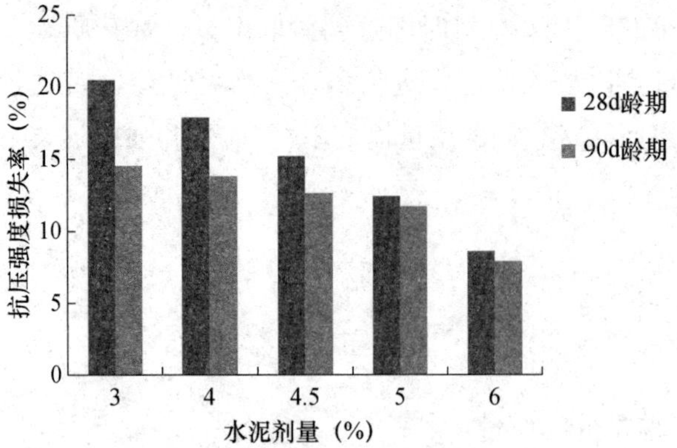

图 5-16 冻融循环后抗压强度损失率

通过对表 5-16 中的数据和图 5-15、图 5-16 中的信息进行分析可知，保持水泥剂量一致的前提下，龄期为 28d 和 90d 的试件，通过 10 次冻融循环试验后，前者质量损失率和抗压强度损失率均高于后者，由此说明龄期的增长会使试件抗冻性增强；保持龄期一致的前提下，试件的质量损失率和强度损失率随着水泥剂量的增多而减少，说明试件的抗冻性随着水泥剂量的增多而增强，原因是，当水泥剂量增多时，试件强度也会提高，从而使试件内部的孔隙率降低，减少了由于孔隙水结冰对试件产生的压力，降低了试件破坏的可能性。同样的道理，随着试件的龄期增加，试件中还没有完全水化的水泥进一步水化，从而提高试件强度，降低试件本身的空隙率。所以在实际工程中可以适当地通过增加水泥剂量和龄期来提升水泥稳定再生骨料基层混合料的抗冻性。

（4）抗冲刷性能

在比例为10～30mm碎石：10～20mm碎石：石屑＝10：45：45的矿料中分别添加3％、4％、4.5％、5％和6％五种不同水泥剂量，然后在已知的最佳含水率和最大干密度下利用振动成型方法制备试件，每种水泥剂量下的28d龄期的抗冲刷试件各3个，共15个。

在车载作用下路面面层会产生裂缝，水分通过面层上的这些裂缝渗入路面结构，多数情况下渗入路面结构中的水分很难蒸发，特别是在多雨的季节，面层下的基层有可能处于保水的状态，如果面层和基层结合得不紧密，面层与基层间会有流动的水产生，在大量车载作用下，基层将受到流动水的冲刷。特别是当基层材料抗冲刷能力不足时，会出现基层材料松动的现象，部分材料可能被水通过裂缝带到面层上，最终使基层出现脱空，造成路面结构的破坏。所以通过冲刷试验来评价水泥稳定再生骨料基层混合料的抗冲刷性能，确保基层的稳定性[45]。

① 抗冲刷试验步骤

抗冲刷性能试验应在试件养生28d后开始。对饱水的试件进行称量，称其质量为（m_0），然后放入冲刷桶，并把冲刷桶稳定在试验机上，接着把清水倒入桶中，应确保水面比试件顶面高5mm左右，调整试验机和各项参数（含冲刷时间5min、10min、15min、20min、25min、30min）后开始进行冲刷试验，试验结束后将沉淀后的冲刷物放置在烘箱中烘干，称其质量为（m_f）。

② 抗冲刷试验结果

试验结束后，试验数据如表5-17及图5-17、图5-18所示：

表5-17 不同水泥剂量的冲刷量

名称	作用力	冲刷频率	冲刷量（g）					
			5min	10min	15min	20min	25min	30min
3％	0.5MPa	10Hz	31.86	38.59	41.87	49.16	50.12	51.32
4％			21.2	25.26	28.54	30.54	32.79	34.59
4.5％			15.3	16.4	18.7	20.5	23.1	25.6
5％			9.52	11.12	14.02	15.38	16.75	17.82
6％			4.59	6.12	7.53	8.98	9.72	10.15

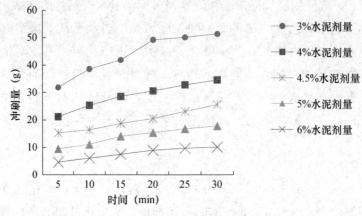

图 5-17 冲刷量与时间之间的关系图

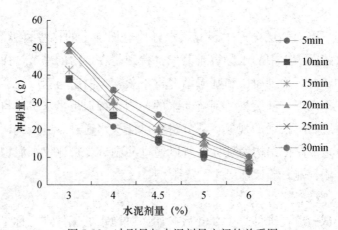

图 5-18 冲刷量与水泥剂量之间的关系图

a. 水泥稳定类基层的冲刷性能受许多因素的影响，如，骨料颗粒间的级配、混合材料间的空隙率大小、骨料压碎值、颗粒之间的黏聚力、混合料中细颗粒的含量等。

b. 通过对表 5-17 及图 5-17、图 5-18 中的数据和信息分析可知，保持水泥剂量一致的前提下，冲刷量在初始阶段增长较快，但随着冲刷时间的增加，冲刷量增加会变得比较迟缓，最后将会趋向稳定；在冲刷时间相同的条件下，冲刷量随着水泥剂量的增多而降低，其原因在于水泥剂量增多，试件强度将会提高，抗冲刷性能也将会增强。对试验后的试件进行观察可以发现，试件表面及其不光滑，主要是因为试件中的细骨料被冲走，使粗骨料暴露出来，从而使试件的内部结构遭到破坏。通过提高细骨料与粗骨料之间的黏附力、控制细骨料的含量、适当地增加水泥剂量等有助于增强水泥稳定再生骨料基层混合料的冲刷性能。

5.2.3 试验段的观测与评价

为了进一步验证水泥稳定再生骨料基层混合料的路用性能，在国道 G207 线雷州市龙门水库至海安港码头段铺筑水泥稳定再生骨料基层的试验路段。

(1) 试验路的铺筑

试验路段位于 K3625+940～K3626+030 左幅路肩，长 90m，所用原材料如下：

① 水泥

使用普通硅酸盐水泥，其性质符合规范要求。

② 骨料

采用工厂式破碎工艺生产再生骨料，将水泥混凝土路面破碎成小块，回收，通过去杂、筛分、破碎等工艺来生产再生骨料，最后生产出的再生骨料其性质符合规范的要求。

(2) 施工配合比及施工过程

① 施工配合比的确定

基层：10～30mm 碎石：10～20mm 碎石：石屑：水泥剂量＝10：45：45：5.0%，混合料的最佳含水率和最大干密度分别为 9.4%、2.215g/cm³，工地压实度按 98% 来控制。

② 施工过程

a. 施工工艺流程，如图 5-19 所示。

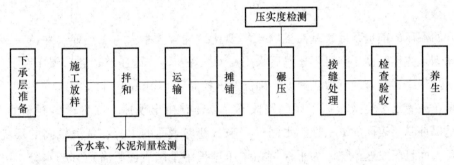

图 5-19 施工工艺流程

b. 下承层准备

施工开始前应自行检查路床顶的标高，并将其表层的杂物去除，确保表层无杂物，紧接着在其表层喷洒一定量的水，保持表层的湿润。

c. 施工放样

在土基面上先恢复中线，直线路段应保持每隔 15～20m 设置一桩，平曲线路段应保持 10～15m 设置一桩，然后将标记设计高的指示桩设置在路肩两侧。

d. 拌和

使用工厂拌和机械对混合料进行集中拌和，在施工前应对拌和设备进行调试，调试的目的在于明确混合料的级配、含水率、水泥剂量等参数是否正确，如果存在偏差，则应对拌和设备进行适当调整，直到混合料的所有指标符合规范的要求为止。

e. 运输和摊铺

混合料应在未达到初凝时间前运到施工现场，应对运输车辆的数量和每辆车的运输量进行综合设计，确保施工的连续性；下承层表面应在混合料摊铺前进行洒水湿润，摊铺的过程也应该是连续性的。水泥稳定再生骨料装车和摊铺如图 5-20、图 5-21 所示。

图 5-20　水泥稳定再生骨料装车

图 5-21　摊铺机摊铺水泥稳定再生骨料

f. 碾压

开始碾压的前提条件是基层的含水率要比最佳含水率大一点点或者保持一致，碾压的原则是先用轻型压路机碾压然后采用重型压路机、先碾压路边然后碾压路线中部，在碾压过程中司机应注意碾压速度，确保速度控制在 1.5km/h 到 2.2km/h 之间。那些正在碾压或者已经完成碾压工序的路段不允许压路机出现掉头或者紧急刹车的现象，目的是保证基层表面的平整性。水泥稳定碎石基层表面的水分在气温较高的环境下容易蒸发，而且蒸发速率快，为了保持在碾压过程中基层表面具有适宜的水分，可以提前进行洒水湿润。一旦碾压开始要对碾压过的路面进行实时监测，发现凸凹不平或者松散起皮等现象，要立即进行处理，通常采用的措施为更换新的混合料并整平，保证施工后基层的质量达到相应的技术标准[46-47]。钢轮压路机碾压如图 5-22 所示。

图 5-22　钢轮压路机碾压示意图

g. 接缝处理

同一天施工的两个工作段之间的衔接采用搭接,避免使用纵向接缝,禁止使用斜接。

h. 养生

碾压完成后进行质量检查,质量达到标准后立即进行养生,使用直接喷洒透层油做封层养生。在养生的时间段内,除洒水车外不允许任何机动车行驶在该路段上。具体养生情况如图 5-23 所示。

图 5-23 基层洒水养生

(3) 试验段的观测及评价

在试验路开始铺筑前就进行观测,观测时间持续到铺筑结束,重点对基层的早期强度进行观察。为了对水泥稳定再生骨料基层强度的增长规律进行研究,确保试验段的强度符合规范要求,在基层铺筑养生 7d 后,对试验路上不同桩号点进行钻芯取样,并检测其无侧限抗压强度,结果见表 5-18。

表 5-18 钻芯试件无侧限抗压强度表

桩号	K3625+950	K3625+970	K3625+990	K3626+010	K3626+030
强度(MPa)	5.0	5.1	4.9	5.2	5.3

如表 5-18 中的数据所示,将钻芯取样后的试验数据和室内试验数据进行比较,能够明显得出:试验路段的水泥稳定再生骨料钻芯强度比室内抗压强度高的结论。分析工程实例和试验过程,认为原因有两个:①在铺筑试验段的过程中,地面温度较高,而室内温度通常为常温,这就导致在龄期相同的情况下,室外试件比室内试件的无侧限抗压强度要高。②室内成型试件所使用的水泥剂量为 4.5%,而试验段所采用的水泥剂量为 5%,水泥剂量的增加有助于试件强度的提高。

(4) 总结

对试验路的观测,检验了水泥稳定再生骨料基层混合料的抗压强度,并对水泥稳定再生骨料基层的施工工艺进行了探讨,得到如下结论:

① 混合料必须拌和均匀，避免混合料发生离析现象；应有专业人员随时检查摊铺机的性能，如发现有离析情况，要及时处理，以免对施工质量造成不利的影响。

② 水泥稳定再生骨料基层试验路段的无侧限抗压强度符合水泥稳定材料 7d 龄期无侧限抗压强度标准。

③ 通过对试验路的观察，分析总结施工工艺和施工中各参数的使用情况，对使用再生骨料形成一套有效的施工方法，从而为实际工程提供具体的指导。

5.3 水泥钢渣土应用于公路底基层的试验研究

钢渣用于铁路、道路建设在国内外已十分普遍。对钢渣的开发利用也在不断地深入加大。但将钢渣作为组成材料大量用于公路底基层材料的研究还比较少。本小节选自南京林业大学徐文娟[48]的试验研究，该研究通过系统的室内试验，对水泥钢渣土的力学指标和路用性能进行详细的研究和分析，得出水泥钢渣土做公路底基层材料的可行性，在此基础上，再进一步研究适宜的钢渣掺量和合理的水泥剂量，为工程实际应用提供理论依据。

5.3.1 钢渣特性研究

钢渣是在高炉中熔炼生铁过程时矿石、燃料及助熔剂中的硅酸盐化合而成的副产品。钢渣从熔炉中排出后，在空气中冷却形成一种坚硬的材料，是一种很好的路用材料。钢渣基本呈黑灰色，外观像结块的水泥熟料，其中夹带一些 Fe 颗粒，硬度大，密度为 1700~2000kg/m^3。钢渣化学成分随冶炼的矿物成分、燃料、助熔剂及熔化的金属而变化，其主要化学成分为 SiO_2、Al_2O_3、CaO 及少量 MgO、CaS、FeO、MnO 等成分。

钢渣具有粉化膨胀的特性，主要原因是钢渣中的游离氧化钙（f-CaO）遇水生成氢氧化钙，体积增大 1~2 倍。因此，f-CaO 是判断钢渣稳定性的重要指标。产生 f-CaO 的主要原因是转炉炼钢冶炼周期短，造渣不充分，部分石灰呈游离状态残存于钢渣中。据测试，一般转炉钢渣的 f-CaO 含量在 20% 以上，而平炉钢渣一般为 10%~20%。然而，钢渣膨胀并非不治之症。钢渣中的 f-CaO 成分随着湿水程度、时间、温度和钢渣粒度变化而变化，延长浸泡或充分湿水，提高湿水温度和压力，减少钢渣粒度等均能加速 f-CaO 的消解，使钢渣稳定。钢渣中 f-CaO 过量，会引起钢渣膨胀崩裂和起拱破坏，是十分有害的，然而消解后生成 $Ca(OH)_2$ 有益无害，它是良好的胶结材料[49-50]。

本试验中采用的钢渣为马鞍山钢铁公司钢渣厂的钢渣，委托江苏省质量技术监督建材产品质量检验站进行了钢渣的化学成分分析，马钢钢渣的主要化学成分含量见表 5-19。

表 5-19 钢渣主要化学成分

样品名称	SiO_2	CaO	MgO	Fe_2O_3	Al_2O_3	f-CaO
细钢渣 （过2mm筛）	9.58	43.15	9.85	21.76	2.45	1.41

5.3.2 水泥钢渣土研究方案设计

任何一项试验都有其自身的目的，据此才能提出用哪些量来衡量达到目的的程度，这就是确定考核指标。本次试验中，试验的目的主要有两个：一是对水泥钢渣土进行室内试验，并对其各项性能进行测试，从而探讨水泥钢渣土应用于道路底基层的可行性；二是在试验的基础上，为水泥钢渣土在公路工程中的应用提出最佳配合比，为施工单位提出适宜的施工工艺和施工控制指标。考核指标主要为无侧限抗压强度、劈裂抗拉强度、回弹模量和干缩、温缩特性。

混合料配合比的选定：

水泥土混合料的配合比确定包括两个方面的内容：一是水泥与土之间的比例，即水泥剂量；二是钢渣与土之间的比例。由于本课题主要是分析和研究钢渣对水泥土物理力学性能的增强作用，所以主要目的是通过测试掺入不同量钢渣对水泥土强度等各方面的影响程度，确定钢渣的最佳掺量。

① 水泥与土之间比例的确定

水泥是水泥土的结合料，是混合料中最具活性的组成材料。它赋予了水泥土的半刚性性质。水泥含量过多，易使材料温缩和干缩过大，致使混合料的抗裂性和耐久性降低，且经济上不合理；而水泥含量过少，则难以使结构层的强度、板体性得到保证。因此，水泥存在一个经济剂量。

《公路路面基层施工技术细则》（JTG/T F20—2015）中规定做底基层时，对于塑性指数小于 12 的土，水泥剂量可选 4%、5%、6%、7%、9%，其他细粒土可选 6%、8%、9%、10%、12%。结合有关资料和相应的论文，水泥剂量一般偏向于较小值，因此，本试验拟订水泥剂量为 4%、6%、8%。

② 钢渣与土之间比例的确定

本课题研究的重点，是对细钢渣代替部分土后的水泥钢渣土用于道路底基层的可行性研究。本试验采用的是过 ϕ2mm 圆孔筛的细钢渣。掺入钢渣太少，钢渣取代土的作用就不明显；掺入太多，游离氧化钙（f-CaO）遇水生成氢氧化钙，体积增大 1～2 倍，可能会引起水泥钢渣土出现膨胀开裂和起拱破坏，所以掺入钢渣的量要适度。结合相关资料综合考虑，初步选定 4 种钢渣掺量进行试验研究，即 0%、20%、40%、60%。根据选定的水泥用量和钢渣掺量，可得到 12 种试验配合比，见表 5-20。

表 5-20 钢渣与水泥配合比设计

水泥\钢渣	钢渣 0%	钢渣 20%	钢渣 40%	钢渣 60%
水泥 4%	S0	S2	S4	S6
水泥 6%	M0	M2	M4	M6
水泥 8%	L0	L2	L4	L6

注：表中字母含义，S—水泥剂量4%，M—水泥剂量6%，L—水泥剂量8%。
字母后数字含义，0—钢渣掺量0%，2—钢渣掺量20%，4—钢渣掺量40%，6—钢渣掺量60%。下文图表均以此类代号表示。

5.3.3 水泥钢渣土混合料的力学性能研究

在路面结构中，特别是在沥青路面中，作为高等级公路的半刚性基层或底基层应具有在设计年限内承受交通荷载反复作用的能力，基层不应产生过量的变形，更不应产生剪切和疲劳弯拉破坏。要满足上述要求，基层或底基层除必需的厚度外，主要取决于基层的强度和刚度。本小节主要从水泥钢渣土强度形成机理和不同龄期与不同配比的水泥钢渣土混合料的无侧限抗压强度、劈裂强度和回弹模量来分析水泥钢渣土混合料的路用性能。

(1) 水泥水化产物与钢渣间的反应

① 火山灰反应

钢渣粉的主要活性成分是氧化硅和氧化铝，氧化硅和氧化铝在碱性环境下被溶蚀，在液固界或液相中与 Ca^{2+} 作用，发生火山灰反应，生成具有胶凝性能的水化硅酸钙、水化铝酸钙等水硬性水化产物。

② 钢渣对水泥土性能的改善机理

形态效应：在水泥土中掺入适量细钢渣，钢渣颗粒填充于水泥土体中颗粒间的空隙后，能使水泥土的密实度明显提高，硬化后水泥土体的干缩明显减小，可改善水泥土的抗裂性。

活性效应：钢渣中含有大量的活性物质 SiO_2 和 Al_2O_3，这些活性成分可与水化的 $Ca(OH)_2$ 反应，生成水化硅酸钙、水化铝酸钙。该反应多在水泥浆体的孔隙中进行，可以显著降低混合料内部结构的孔隙率，提高混合料的密实度。

微骨料效应：钢渣颗粒能均匀地分布于水泥浆的水泥颗粒之间，一方面可以有效地阻止水泥颗粒间的相互粘结，改善水泥浆的流动性；另一方面，钢渣颗粒在水泥颗粒之间的隔离作用使水分易于渗入，促进了混合料内部的水化反应。

(2) 水泥钢渣土的压实试验结论分析

击实试验适用于在规定的试筒内，对水泥稳定土（在水泥水化前）、石灰稳定土及石灰（或水泥）粉煤灰稳定土进行击实试验，以绘制稳定土的含水率-干密度关系曲线，从而确定其最佳含水率和最大干密度，为下一步试验做准备。

通过对试验结果比较分析可得以下几点规律：

① 在各种水泥剂量情况下，掺钢渣的混合料的最大干密度都随钢渣掺量的增多而增大；
② 掺钢渣的混合料的最大干密度均小于不掺钢渣的混合料的最大干密度；
③ 三种水泥用量的混合料中，最佳含水率均随着钢渣掺量的增加而增大。

由于钢渣的砂性较黏性细粒土的大，掺入钢渣后，混合料的空隙率增加，密实程度降低。当钢渣掺量达到一定程度后，空隙率的变化不再起主导作用，此时，由于钢渣的密度较土的大，故最大密实度随钢渣掺量的增多而增大。钢渣的砂性，使得混合料的吸水性和保水性较差，所以最佳含水率随着钢渣掺量的增加而增大。

(2) 无侧限抗压强度试验结论分析

在无机结合料稳定材料的强度指标中，无侧限抗压强度是比较容易确定的参数，因此它是研究稳定土性质以及施工质量控制时最经常采用的试验，也是混合料组成设计最主要的依据。通过对试验结果比较分析可得以下结论：

① 各种水泥用量和各种钢渣掺量的配合比试件的抗压强度均随着龄期的增长而增加。从其强度形成机理来看，水泥稳定土强度的主要来源是水泥自身的水化反应，从而产生出具有胶结能力的水化产物，钢渣与水泥水化产物之间发生火山灰作用，生成含水的硅酸钙和铝酸钙，硅酸钙和铝酸钙是胶凝物质，具有水硬性和很强的粘结力。随着反应的进行，水泥水化及火山灰反应的数量将不断增多，生成的胶凝物质数量也不断增加。这就是混合料强度随着龄期的增长而增加的原因。

② 同一水泥剂量，掺钢渣的混合料的无侧限抗压强度均大于未掺钢渣的混合料的无侧限抗压强度。一方面，土体的力学性质并不取决于黏土中基本结构单元的强度，而是在于它们之间的结合力。采用水泥、石灰等无机胶凝材料稳定土壤时，其主要固化机理在于胶凝材料水化产物对于土颗粒的胶结作用、与土颗粒之间的离子交换及火山灰反应。因此，火山灰反应为土体的性能的增强提供了条件，使加入的钢渣有效地参与并促进黏土矿物之间的火山灰反应，增强土颗粒之间的粘结，从而提高了强度。另一方面，由于钢渣中含有较多的游离氧化钙，取代土后，使水泥土中 $Ca(OH)_2$ 的含量增加，同时钢渣中含有大量的活性物质 SiO_2 和 Al_2O_3，这些活性成分可与水化的 $Ca(OH)_2$ 反应，生成水化硅酸钙、水化铝酸钙。该反应多在水泥浆体的空隙中进行，可以显著降低混合料内部结构的空隙率，提高混合料的密实度。所以在相同龄期，钢渣取代部分土以后水泥土强度都有所提高。

③ 不同水泥用量的各种配合比混合料，各龄期的无侧限抗压强度，均随钢渣掺量的增加，先增大后减小（即呈抛物线变化）。前期的强度发展（28d龄期之前），是钢渣掺量20%的试件的强度最高；随着强度的发展，后期钢渣掺量40%的试件的强度较高，所以钢渣的掺量要合适。其原因是钢渣掺量太多，生成 $Ca(OH)_2$ 时的膨胀量使试件发生错动与松散，降低了强度，所以掺入钢渣的量有一个合适的范围，可以看出钢渣掺量在20%~40%时的强度较高。这是因为在此范围内，钢渣起到承受荷载、提供强度的作用，水泥与钢渣生成的胶凝物质的胶凝性能增强，使钢渣和半刚性材料形成

一个坚强的整体，钢渣可以在试件中发挥独特的性能。这说明掺入适量的钢渣对水泥土混合料的抗压强度具有较好的改善作用。

实验中，水泥含量一定，当钢渣增加到一定量时，稳定土中的水泥不足以使得钢渣的火山灰活性被充分激发，这样未被激发的钢渣分散在基体材料中，可能会使内部缺陷增多，反而对强度不利。

(3) 劈裂抗拉强度结论分析

半刚性材料沥青路面中，半刚性基层和底基层是路面结构的主要承重层。在车辆荷载的作用下，半刚性结构层的底面会受到拉应力。当半刚性基层所承受的拉应力（拉应变）超过疲劳限度时产生开裂，可能反射到面层，形成反射裂缝。当半刚性基层由于干缩或温缩而形成了裂缝时，会引起半刚性基层拉应力的变化。上述两种情况均需要进行半刚性材料的弯拉应力验算。因此，抗拉强度是评价半刚性材料力学性能的最直接的指标。

评价半刚性基层材料抗拉强度的试验有三种，即直接抗拉试验、间接抗拉试验和弯拉试验。直接抗拉试验可以提供真实的抗拉强度，但由于直接抗拉试验较复杂，难以设计和控制。弯拉试验根据梁的弯曲理论，假定抗拉模量和抗压模量相等。本试验采用间接抗拉试验，即劈裂试验，这种试验方便、简洁。试件的制备与养生方法同无侧限抗压强度试验。

由试验结果，经综合比较分析可得以下几点规律：

① 各种混合料配合比的劈裂抗拉强度都随着龄期的增长而增长；

② 对同一水泥剂量及相同龄期的水泥土，掺钢渣以后劈裂抗拉强度均大于不掺钢渣时的劈裂抗拉强度；

③ 对同一水泥用量的各种混合料配合比，各龄期的劈裂抗拉强度均随钢渣掺量的增加，表现出先增大后减小（即呈抛物线变化）的特点。可以看出钢渣掺量在20%~40%时的强度较高，所以掺入钢渣的量有一个合适的范围。

钢渣所含主要成分为二氧化硅、氧化钙、氧化镁、三氧化二铝、氧化铁。掺入钢渣后，钢渣所含的游离氧化钙遇水生成氢氧化钙，氧化镁遇水生成氢氧化镁，与抗压强度的增长机理一样，混合料内部的化学反应随着时间的延长而不断进行，并要持续一个相当长的时间才能完成，因此混合料的抗拉强度随龄期而不断增长。

细度对活性有较大的影响，钢渣颗粒越多，混合料中发生火山灰反应的细颗粒的总比表面积就越小，即土颗粒与钢渣、水泥胶结料之间能够产生粘结的界面就越少，从而使得水泥、钢渣与土的界面粘结强度变小。而界面粘结强度是影响水泥土抗拉强度的关键因素之一，界面粘结强度越小，劈裂抗拉强度就越低。因此，当钢渣的掺量太大时，混合料总体的活性降低，从而强度降低。

(4) 抗压回弹模量试验结果分析

7d无侧限饱水抗压强度是一个试验中很容易测试的指标，但这个试验只是用来进行材料组成设计，选择适用的基层或底基层材料，也可以说是用于评价材料质量的，它不能用于路面结构设计。在路面设计中经常使用的与材料性质相关的参数是回弹模量。

回弹模量又称路面弹性模量，是表示路面弹性性质的力学指标，用来表征土基或路面材料抵抗竖向变形的能力。

通过对试验结果分析可以得出，无论是掺钢渣还是不掺钢渣的混合料试件的抗压回弹模量一般随着龄期的增长而增强；掺入细钢渣后的回弹模量较不掺前有所增长，随着掺量的增加，回弹模量增大，当钢渣掺量大到一定程度时（约60%），回弹模量趋于平稳，并有下降之势。

分析其原因主要是：

① 回弹模量值是区分刚性材料和柔性材料的指标之一，即它是表示该种材料刚度的一项指标。钢渣的刚性相对土较大，在水泥稳定土中掺入钢渣后大大增加了混合料的刚性，所以回弹模量值呈增长趋势。

② 水泥钢渣土的抗压强度在一定的程度上影响着抗压回弹模量，因此抗压回弹模量的变化有着与抗压强度较为相似的趋势：当钢渣掺量达到一定程度时，随着抗压强度的降低回弹模量呈降低趋势。

5.3.4 水泥钢渣土混合料的收缩性能研究

（1）干燥收缩性能研究

① 干燥收缩机理

干燥收缩是无机结合料稳定材料因内部含水率变化而引起的体积收缩现象。

干燥收缩是由于水分蒸发而发生的毛细管张力作用、吸附水及分子间力作用、矿物晶体或胶凝体的层间水作用、碳化脱水作用而引起的整体的宏观体积的变化。

a. 毛细管张力作用

当水分蒸发时，毛细管水分下降，弯液面的曲率半径变小，致使毛细管压力增大，从而产生收缩。

b. 吸附水及分子间力作用

毛细水蒸发完结后，随着相对湿度的继续变小，无机结合料稳定材料中的吸附水开始蒸发，使颗粒表面水膜变薄，颗粒间距变小，分子力增大，导致其宏观体积进一步收缩。这一阶段的收缩量比毛细管作用的收缩量大得多。

c. 矿物晶体或胶凝体的层间水作用

随着相对湿度的继续变小，无机结合料稳定材料中的层间水开始蒸发，使晶格间距变小，导致其宏观体积进一步收缩。

d. 碳化脱水作用

碳化脱水作用是 $Ca(OH)_2$ 和 CO_2 反应生成 $CaCO_3$，并析出水而引起体积收缩。

② 试验设计

a. 选择材料组合与配比

上一节对水泥钢渣土混合料力学性能进行了试验研究，在此基础上，选择几种不同的配合比来进行收缩性能试验。试验要求通过使用较少的配合比,能够清楚地说明在不同水泥剂量和钢渣掺量情况下的收缩性能。最终选择水泥用量4%、钢渣掺量40%、水泥用量6%、钢渣掺量分别为0%、20%、40%、60%及水泥用量8%、钢渣掺量40%的6种配合比情况进行收缩试验研究。

b. 试件的制作与养生

试件的规格为5cm×5cm×24cm的小梁,按照最佳含水率、最大干密度和95%压实度采用静压成型法制作。将试件在温度(20±2)℃、相对湿度为90%以上的条件下湿养生。本次试验选用7d养生期(最后一天不进行浸水)。

c. 试件测试

试件标准养生7d后,将其取出,放在干缩装置上,让其自然干燥,暴露在室内自然温度和自然湿度下进行干缩试验。通过安装在端部的百分表读取不同时期的干缩量。试验装置如图5-24所示。在读取支架上试件收缩量的同时,测量备用试件在相同状态下的平均水分蒸发损失量,以此近似作为干缩试件的平均水分蒸发损失量。每天测试一次,一直到试件的含水率不再减少,干缩仪的读数变化很小为止(约为15d)。

图5-24 干缩试验装置

利用测得的干缩量和相应的水分蒸发损失量按式(5-9)、式(5-10)进行整理:

$$\varepsilon_d = \frac{\Delta L}{L} \tag{5-9}$$

$$\alpha_d = \frac{\varepsilon_d}{\Delta W} \tag{5-10}$$

式中 L——试件的长度;

ΔW——试件的水分损失量;

ΔL——当失水量为ΔW时,试件的总体收缩量;

ε_d——试件的干缩应变;

α_d——试件的平均干缩系数。

失水量:试件失去水分的质量(g);

失水率:试件中单位干材料的失水量(%);

干缩量：水分损失时，试件的收缩量（10^{-3}mm）；

干缩应变：水分损失引起的试件单位长度的收缩量（10^{-6}）；

干缩系数：试件单位失水率的干缩应变（10^{-6}）；

平均干缩系数：在某失水量时，试件的干缩应变与失水率之比（10^{-6}）。

③ 试验结果及分析

将上述选定的几种配合比混合料的干缩试验数据整理到图 5-25、图 5-26 中。干缩应变随时间的发展规律如图 5-25 所示。将水泥钢渣土的干缩性能指标与失水率的关系绘成图 5-26。

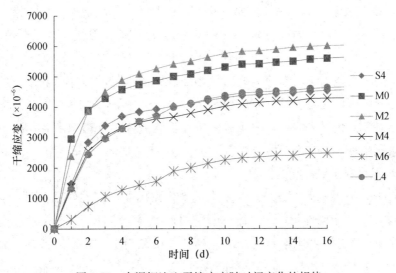

图 5-25 水泥钢渣土干缩应变随时间变化的规律

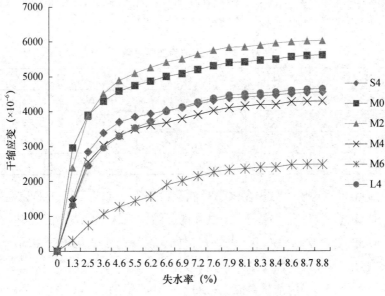

图 5-26 水泥钢渣土干缩应变与失水率的关系

a. 几种混合料试件干缩性能变化规律

图 5-25 反映了时间对干缩应变的影响。各个配比混合料的干缩应变随时间的发展规律基本一致，均是逐渐增大，直至达到最大失水率，干缩应变趋于稳定。这主要是因为随着试件养生龄期的增加，毛细水、吸附水大部分蒸发，层间水逐渐减少，试件的干缩也渐渐停止。从图中可以看到，在干缩试验的前 5 天干缩变形增长较大，近似呈直线上升，而后干缩应变增长幅度较小。这也说明在利用水泥钢渣土作为基层或底基层材料时，应注意加强早期养生，防止早期干缩较大，引起开裂。当试件暴露在空气中大约 12 天时干缩应变基本完成，此时试件的变形占干缩总变形的 95% 以上。

图 5-26 反映失水率对干缩性能的影响。可以看出，干缩应变随失水率增大都呈增长趋势，前期增长较快（失水率为 0%~4.5%），后期增长较慢，直至最大失水率时，干缩基本完成。

综上所述，水泥钢渣土干缩应变的大小随着钢渣掺量的增加而减小，这说明用钢渣代替一定量的土后水泥土的干缩应变有所减小。图中 S4、M4、L4 三种配比材料的干缩应变随时间变化规律曲线几乎重叠。可见，钢渣掺量是影响水泥钢渣土干缩的主要因素，水泥用量的影响作用相对较小。

b. 几种混合料干缩性能的比较

根据 George（乔治）的试验，由于水泥水化作用混合料水分减少而产生的收缩约占总收缩的 17%。半刚性材料产生体积干缩的程度或干缩性（最大干缩应变和平均干缩系数）大小与下述一些因素有关：结合料的类型和剂量、被稳定（或处治）土的类别（细粒土、中粒土或粗粒土）、粒料的含量、直径小于 0.5mm 的细土含量和塑性指数、直径小于 0.002mm 的黏粒含量和矿物成分、制作（室内试件）含水率和龄期等。对于本试验而言，在其他条件基本相同的情况下，影响干缩性能的关键因素是水的作用。现将几种混合料的干缩试验有关数据列于表 5-21 中。

表 5-21　干缩试验结果总结

指标材料	S4	M0	M2	M4	M6	L4
最佳含水率（%）	14.18	13.40	13.68	14.38	16.07	15.11
最大失水率（%）	8.8	7.8	8.0	8.6	9.9	8.9
最大干缩应变（10^{-6}）	4550.0	5616.7	6020.8	4287.5	2479.2	4645.8
最大平均干缩系数（10^{-6}）	1154.9	2518.1	1842.8	1010.9	272.3	970.0

从表 5-21 中可以看出，最佳含水率对混合料的失水率、干缩应变和平均干缩系数都有较显著的影响。制件含水率越大，试件的干缩应变越小。表中混合料 M6 的最佳含水率最大，M0 的最佳含水率最小，与之对应的失水率与之变化规律相同，干缩应变和平均干缩系数与之变化规律相反。

对于各种不同土，水泥剂量对混合料的干缩性的影响是不一样的。但对于多数土，混合料梁式试件的干缩应变开始随水泥剂量增加而减少，并达到一个最小值，然后随水泥剂量增加而增加。就本试验而言，水泥剂量对混合料干缩性的影响是比较小的。

(2) 温度收缩性能研究

① 温度收缩机理

无机结合料稳定材料是由固相（组成其空间骨架结构的原材料的颗粒和其间的胶结构）、液相（存在于固相表面与空隙中的水和水溶液）和气相（存在于空隙中的气体）组成。气相一般与大气相通，影响不大，不予考虑。所以混合料的外观胀缩性是由固相、液相胀缩和两者的综合作用产生的结果。

混合料在温度下降时产生的收缩主要是由固相（骨架和结合料）、液相（固体表面和空隙内水）体积收缩产生的。

a. 固相的热变形性

固相主要可分为原材料矿物和新生胶结矿物两类。原材料一般具有较小的热变形性，如石灰粉煤灰的热胀系数 $\alpha_t=8\times10^{-6}/℃$，而火山灰及水泥水化反应的生成物中，C-S-H 凝胶体是主要成分，这种晶体具有较大的热变形性，一般 α_t 可达 $(10\sim20)\times10^{-6}/℃$。在混合料中，由于组成固相的矿物已胶结为整体材料，所以宏观表现出的热变形性是各组成单元间的综合效应。

b. 液相水对热变形性的影响

在混合料内部，水的存在状态主要有大孔隙内自由水、表面结合水、毛细孔内毛细水、层间水及结合水（结构水和结晶水）等，水对无机结合料稳定材料的热变形性的影响主要通过扩张作用、毛细管弯液面张力和冻胀作用来起作用的。

② 试验设计

温缩试验所用试件的材料组合与配比以及试件的制作和养生过程同干缩试验。材料的含水率会影响温缩应变和温缩系数，为了使室内尽量接近路面结构的实际情况，温缩试验采用干缩试验结束后的试件，使得试件的含水率基本不变。

温缩试验在温度控制箱内进行（图 5-27），试验装置同干缩试验。测试从正温开始，温度变化范围 $40\sim-20℃$，采用一定的温度间隔逐渐降温，每次达到预定的温度后，恒温 $2\sim3h$，使试件内部温度与环境温度保持一致，然后读取百分表读数，测定收缩量，用式 (5-11)、式 (5-12) 进行处理：

$$\varepsilon_t=\frac{\Delta L}{L} \tag{5-11}$$

$$\alpha_t=\frac{\varepsilon_t}{\Delta T} \tag{5-12}$$

式中 L——试件的长度；

ΔL——试件的温度收缩量；

ε_t——温度收缩应变（10^{-6}）；

α_t——试件的温度收缩系数（10^{-6}）；

ΔT——温度降低幅度（℃）。

图 5-27　温度控制箱

③试验结果及分析

将水泥钢渣土温缩系数与温度的关系绘成图 5-28，钢渣掺量与温缩系数的关系绘成图 5-29。

从图 5-28 和图 5-29 可以看出：

a. 在 40℃到 30℃，混合料的温缩变形较大，温缩系数有较大的增长；从 30℃到 10℃，混合料的温缩变形也比较大，温缩系数有相对较大的减小；从 10℃到 0℃，混合料的温缩变形较小，温缩系数呈减小趋势；从 0℃到 -20℃，混合料的温缩变形很小，其与温度变化近似呈直线关系，温缩系数变化平缓。

b. 不同混合料的温缩应变呈现一定的规律。温缩系数均随温度的降低而逐渐减小，当温度降到 0℃左右时，温缩系数开始有增大的趋势，但变化幅度比较小，近似水平。

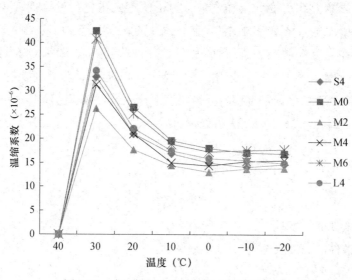

图 5-28　水泥钢渣土温缩系数与温度的关系

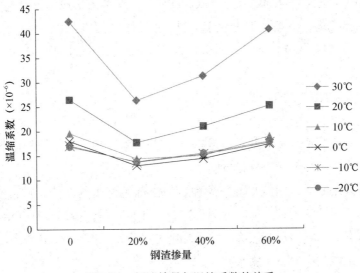

图 5-29 钢渣掺量与温缩系数的关系

c. 图 5-28 中 S4、M4、L4 三种配比材料的温缩系数随温度变化的规律曲线几乎重叠。可见，钢渣掺量是影响水泥钢渣土温缩的主要因素，水泥用量的影响作用相对较小。

d. 就组成固相的矿物颗粒而言，原材料中砂粒以上颗粒的温度收缩系数较小；粉粒以下颗粒，特别是黏土矿物的温度收缩性较大。黏土及其他胶体颗粒的温度收缩性的大小与其扩散层厚度成正比。半刚性材料中胶结物各矿物有较大的温度收缩性。本实验中，水泥和土形成半刚性材料的主要胶结物（$Ca(OH)_2$ 晶体）及主要水化产物（含水硅酸钙凝胶、含水铝酸钙凝胶等），具有比钢渣较大的温缩系数，因此，钢渣的加入会使得整体材料的温缩系数降低；而随着反应的进行，胶结物形成增多，由于胶结物的温缩系数较大，又会使整体材料的温缩系数呈现一个增大趋势；此外，在钢渣对稳定土的强度影响试验分析中已提过，当钢渣加量过多时，钢渣在混合料中可能会使稳定土缺陷增多，对抗裂性反而不利。因此，钢渣对混合料温缩性能的影响是多方面的，这可能就是图 5-29 中曲线先降后升的原因。

5.3.5 水泥钢渣土混合料的生产应用

随着公路建设的发展，钢渣用于公路建设在我国已逐步推广，但大部分是用作路基填料，或者是用钢渣代替石料。为了更好地推广钢渣在路面基层或底基层材料中的应用，通过参考相关文献资料和对试验数据的分析对比，本部分综合给出水泥钢渣土生产的原材料要求和推荐使用的配合比及施工技术要求，供生产和应用参考。

（1）推荐的生产配合比

根据《公路路面基层施工技术细则》（JTG/T F20—2015）中规定：水泥稳定细粒土做底基层用时，水泥剂量一般为 6%～12%，通过试验和经济综合比较分析，得出水泥用量为6%时，是比较合理的。通过试验和研究，综合考虑成型后的抗压强度、劈裂抗拉强度、回弹模量、干缩和温缩性能，推荐使用的配合比为水泥：钢渣：土＝6：20：80或水泥：钢渣：土＝6：40：60，即细钢渣代替土的量为20%～40%时效果最好。

（2）生产和应用的技术要求

① 材料要求

水泥：应用缓凝型水泥，并且质量指标应符合《公路工程水泥及水泥混凝土试验规程》（JTG E30—2005）中的相关要求。

钢渣：应采用陈放时间较长的平炉和转炉法炼钢产生的熔渣，在自然分解和加工分解后，达到稳定的块、粒、粉状的混合钢渣，并且其质量指标应符合相关规定。

土：应符合《公路路面基层施工技术细则》（JTG/T F20—2015）中的要求。

水：自来水或洁净的河、塘水。

② 生产及配制工艺的技术要求

a. 生产前应测定出钢渣、土中的含水率，再根据试验得出的混合料最佳含水率以及其他耗水量决定加水量的多少。

b. 钢渣选用时要特别注意游离氧化钙（f-CaO）的含量，其值越高，钢渣的性质越不稳定，混合料遇水越易发生膨胀崩解。f-CaO的含量随钢渣存放时间的增长而减小，所以建议施工单位采用条推法对钢渣进行管理，即按生产年限有序堆放，并标识清楚，以防混淆。使用时应根据需要进行过筛，如本试验采用的过2mm筛等，以保证实际混合料的配合比和计算配合比保持一致。然后，妥善保存，防止扬尘。

c. 水泥稳定土基层或底基层有路拌法和集中厂拌法两种施工方法，要根据公路等级和工程实际情况加以选择，但必须按照《公路路面基层施工技术细则》（JTG/T F20—2015）中的要求进行作业。混合料在生产拌和时，应先拌和钢渣和土，然后加入水泥充分拌和，最后加入水进行拌和直至均匀。

d. 生产线应采用计算机控制，可在水泥稳定土拌和设备的基础上进行改进，多增加一个钢渣的进料仓，以保证各种材料的配合比。

（3）施工技术要求

① 摊铺和碾压：应符合《公路路面基层施工技术细则》（JTG/T F20—2015）中水泥稳定土混合料摊铺和碾压的要求。

② 养生：应符合规范中水泥稳定土混合料养生的要求，并严格控制含水率，特别要注意加强早期养生。

③ 水泥稳定土结构层宜在春末和气温较高季节组织施工，施工期的日最低气温应在5℃以上；碰到雨天，必须采取防雨措施，勿使水泥和混合料遭雨淋，并且应停止施工，已经摊铺的混合料应尽快碾压密实。

④ 严格控制施工时限。施工段过短，则不利于机械的大面积作业，也是不经济的；

施工段过长，则在较短的时间内完成很困难，工程质量难以保证。为防止混合料结硬，每一施工段要求从生产至碾压完成所占用的时间应控制在水泥的终凝时间之内，做到随拌和、随运输、随摊铺、随碾压。

⑤ 由于水泥稳定土底基层的施工采用机械化流水作业，因此施工前的机械设备一定要配套，且保证机械的完好率和使用率，加强指挥调动，以减少作业时间，这是确保工程质量的关键。

（4）工程应用实例

河南省焦作桐柏高速公路是《河南省高速公路网规划》中的"6条南北纵线"中的一条。叶县至舞钢高速公路（以下简称叶舞高速公路）是焦桐高速的重要组成部分。叶舞高速公路北起平顶山市叶县，接南京至洛阳高速公路，向南经叶县、舞钢市，止于平顶山与驻马店市界，全长约50km。

① 地形地貌

本项目位于河南省中南部，属平顶山市，距省会郑州铁路里程218km，公路里程135km，属豫西山区与黄淮平原两大地貌类型的过渡地带。西依伏牛山脉，东接黄淮平原，南临南阳盆地，北屏箕山。

② 气象、水文

路区属暖温带大陆性季风气候，春暖、夏热、秋凉、冬寒，四季分明。一般特点是冬季寒冷雨雪少，春季干旱风沙多，夏季炎热雨水多，秋季晴和日照足。光照资源丰富。舞钢市年平均气温14.9℃，年极端最高气温都在38℃以上，年极端最低气温大都在-10℃以下。降水多集中在6~9月，30年中平均年降水量138.7mm。该区内风向主要为东北风，风力可达7~8级。

③ 试验路段的选取及施工工艺

在叶舞高速项目部的大力支持下，本次试验路段选取在叶舞高速第九合同段。鉴于钢渣稳定土为新型材料以及其特性，为今后大面积的钢渣稳定土基层施工做准备，项目经理部拟选取试验段进行试铺。试验段采用三种材料，即分别在K47+620~K47+800段施做钢渣稳定土试验段（即钢渣含量为8%，陈化龄期为8个月，钢渣细度为天然级配），K47+874~K48+020段做设计要求的4%石灰土试验路段，K47+070~K48+175段铺"麻骨砂"试验路段。

5.4 装配式混凝土预制块在路面基层的应用

本节内容选自长春市市政工程设计研究院郭高教授[51-53]的研究成果，装配式路面基层是将水泥混凝土预制基块，按三维嵌挤组合方式的路基现场施工装配，然后在基块接缝内填充灌浆料构成的道路基层结构。该项目由长春市市政工程设计研究院独立完成，2010年开始经过对结构、工艺、材料的研究及试验，已获得发明专利27项，并编制省级技术规程、工法和图集。2013 年以来，在长春、吉林、沈阳开展工程应用与技术展示，已铺装道路 46 条，总铺装面积达 28 万 m^2，单项工程最大铺装面积 4.4 万 m^2；并授权 7 家混凝土制品企业生产路基预制块。该技术的工程应用，不但可满足城市道路建设对工期和寿命的需要，也给混凝土制品、机械铺装化工企业的技术升级带来新的发展机遇。

我国城市的市政道路施工中，传统的二灰碎石、水泥稳定碎石等基层的成型过程，是通过施工现场摊铺碾压，并需要长时间养生的湿法作业过程。道路结构施工特点是：从土基、基层到面层逐层顺序铺筑，动态作业与静态养生使用同一空间。这种作业模式因基层结构强度增长过程缓慢，而迟滞工期。在实际工程施工中，往往因急于开放交通或养生期间温度过低，导致道路基层的强度不足、板体性差，取芯成型率低、使用寿命短。

为了缩短城镇市政道路的建设工期（这点在施工季节仅半年的东北地区，尤其重要），我们曾提出了采用预制块体材料来修筑道路基层的设想。若按照原材料类型，可划分为木块、砖块、石块和预制混凝土块 4 种，胶粘剂使用过河砂及天然沥青。基于材料来源广泛和制造方便的原因，也曾使用混凝土砌块铺筑路面，该结构由面层砌块、填缝料和整平层构成，但其缺点是平整度不高、舒适性欠佳，不适合车速较高的行车道使用。如果将砌块作为道路基层，并在其上铺设沥青混凝土面层，构成刚柔复合式路面结构，首先必须解决反射裂缝的预防问题。虽然目前预防反射裂缝有各种方法，但工程实践证明：反射裂缝难以预防，现有措施均不能彻底解决问题。

分析原因是：混凝土砌块之间传递、分散垂直荷载的能力差，导致块与块接缝的两块体弯沉差大，而易产生反射裂缝。因此使混凝土砌块之间的接缝具有可靠的传荷能力，是刚柔复合式路面的技术关键。

5.4.1 技术借鉴与结构创新

（1）借鉴结构类型：混合石灌浆基层（填隙块石、手摆块石灌浆），如图 5-30 所示。该结构类型特点如下：

① 工期短、工艺简单；
② 石料尺寸、形状、级配、强度难以控制；摊铺后的级配均匀性差；
③ 石料摊铺后，孔隙率高、空隙分布不均匀、充满度难以检验；
④ 无质量检查标准及方式。

（2）改进混合石灌浆结构方案设计目标——由人工石料替代天然石料，使粒径、级配、强度可控。人工石料替代天然石料的特点如下：

① 有限的级配；
② 单个预制块的有限表面数量；
③ 联锁结构简单；

④ 填充缝隙；

⑤ 预防反射裂缝；

⑥ 工艺简单、铺设方便。

现有的方形、六角形、矩形等混凝土预制件不论平面尺寸如何变化，本身只具备二维度的约束性，而在垂直方向无约束能力。因此路面的平整度差，仅能作为低等级路面使用。如将其作为基层使用，由于预制块沉降不均，还会产生严重的基层反射裂缝。

图 5-30　混合石灌浆基层

（3）结构创新核心技术

预制混凝土块体装配式路面基层的核心技术，源于我国知名古桥——赵州桥所使用的"银锭扣"。在结构上，银锭扣可以限制石料在平面内的移动，因此可以使两个相邻的石块产生嵌锁所用，从而保证石桥整体结构的稳固，如图5-31所示。

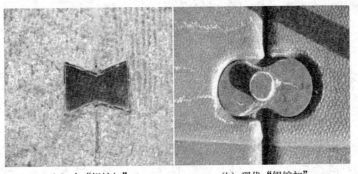

(a) 古"银锭扣"　　　(b) 现代"银锭扣"

图 5-31　古赵州桥所使用的"银锭扣"与现代"银锭扣"

将"银锭扣"的约束能力,从二维提升至三维。升级版的"银锭扣"按嵌挤方式组装成平板状,即构成嵌挤组装式道路基层。该结构受力合理,突破了传统刚性基层受拉应力状态,使预制块转化为受压应力状态,充分发挥了水泥混凝土预制块的力学特性[54]。图 5-32 为升级版"银锭扣"。

图 5-32 升级版"银锭扣"四块组合模型

5.4.2 道路基层用预制块——基块

(1) 单块结构设计

这种预制混凝土路基块,大致是边长 1m 左右的六边形板块状,上下面相对平整,四侧并不垂直于上下面,也不互为平行面,从而形成互锁效应。四侧均有条形凹凸槽,以便能更精准地相互定位和互锁。其特点如下:

① 混凝土件顶面设凸点状粗糙面,用于抗滑;

② 在两预制块相邻处缝隙的上部,形成倒三角形空腔,填入沥青混凝土材料后可以预防基层反射裂缝;

③ 侧面设有抗滑横槽及便于吊装夹持的竖槽,灌注砂浆后,形成空间网格砂浆体;

④ 底部设有便于装卸的 2 个承插槽,灌注砂浆后形成方格网状地梁;

⑤ 底面设有凸台状趾,增加与土基的稳定。

实际块形如图 5-33 所示。

(2) 嵌挤式道路结构的组合设计

图 5-34 是这种预制混凝土块嵌挤式基础的道路结构剖面实景照片。该结构的组合设计,从上至下:

面层:AC-13/AC-16,厚度 5~6cm;AC-20/AC-25,厚度 6~8cm。

基层:嵌挤组装预制混凝土砌块,接缝内灌注大流动度、早强型灌浆料。

垫层:根据路面荷载设计值以及材料的选择,可采用级配碎石、水泥稳定碎石、二灰碎石等。(在级配碎石、水泥稳定碎石、二灰碎石中可以使用建筑垃圾再生骨料从

5 建筑垃圾及工业固废应用于路面基层的研究

(a) 基块主视图　　　　　(b) 基块侧视图

(c) 基块轴侧图　　　　　(d) 基块相接位置的砂浆缝

图 5-33　基块实际块形图

图 5-34　预制混凝土块嵌挤式基础的道路结构剖面示意

而实现资源化循环利用。)

(3) "新银锭扣"组合体受水平作用力的分析

① 块体的水平位移

在该路基结构组合体中，任何单个混凝土块当受到沿 X、Y 轴方向的水平力作用、出现产生移动趋势时，此时该单块不但会受到同行或同列单块的阻挡，还会通过自身四棱锥体使两侧 45°方向范围内的其他块体参与受力，这样就形成一个三角形受力影响区。该三角区内传递受力，每一级（行）受力单块数：$s=2n-1$（$n \geqslant 2$，且为整数），三角区内所有受力的单块总数为：$S=n^2-1$（$n \geqslant 2$，且为整数）。这使得这种路基结构组合体具备很强抵抗水平移动的能力。受力分析（图5-35）。

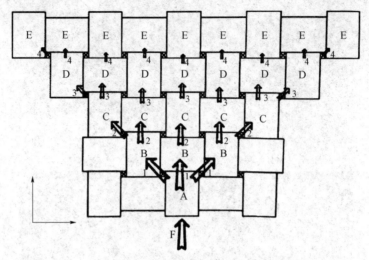

图5-35 "新银锭扣"组合体受水平力作用的受力分析图

结论：通过表5-22可以看出，基块组合在受到水平外力作用经过四次扩散时，通过归纳法可以得出受力基块数与受力扩散级数存在以下数学关系：

表5-22 基体受力扩散表（水平力）

基体受力扩散级数	块名	受力基块数	累计受力基块数
	受力基块A	1	1
一级扩散	受力基块B	3	4
二级扩散	受力基块C	5	9
三级扩散	受力基块D	7	16
四级扩散	受力基块E	9	25

$$S_{受力块数} = \sum_{k=1}^{n} 2k+1 (k \subseteq N^+)$$

即"新银锭扣"组合体内任一个单块的水平位移，都会遇到受力影响区内全体单块的阻力。这样就实现了用组合体多数的稳定来抵抗单块的位移，从而形成一个水平位移受限的稳定路面基础结构体。

② 块体的垂直位移

在竖直的 Z 轴方向——垂直路面的路面荷载受力传递方向，当其中某个单块受到通过质心的垂直荷载作用时，由于每个单块四侧的"新银锭扣"结构，都有两对阳斜面与阴斜面，因此任何单块在竖直方向的移动，都会受到相邻两个单块的限制，形成单块压着两侧两块，同时也被前后两个单块压着的特殊结构——称之为互锁的一种结构体。这两个单块又把压力向分别与它们嵌挤的其他四个单块传递。我们把压力通过斜面传递一次称为一级，设 N 为平面中单块受压时，压力沿某路径传递的级数（单个方向途径的单块总数），按 $2n$（n 为正整数）等比数列的规律扩散与传递，则共同承担受力的预制块总数为 $S=n^2$（n 为自然数）。

即"新银锭扣"组合体内任一单块的垂直位移，都会遇到组合体内全体单块的阻力，以组合体全体的稳定抵抗单块的位移。其受力分析如图 5-36 所示。

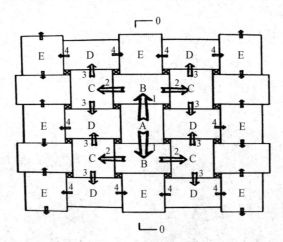

图 5-36 "新银锭扣"组合体受垂直作用的受力分析图

结论：通过表 5-23 可以看出，基块组合在收到垂直外力作用经过四次扩散时，其中最远受力基块距离直接受力基块仅隔一个基块，同时通过归纳法可以得出受力基块数与受力扩散级数存在以下数学关系：

表 5-23 基体受力扩散表（垂直力）

基体受力扩散级数	块名	受力基块数	累计受力基块数
	受力基块 A	1	1
一级扩散	受力基块 B	2	3
二级扩散	受力基块 C	4	7
三级扩散	受力基块 D	6	13
四级扩散	受力基块 E	8	21

$$S_{受力块数} = \sum_{k=1}^{n} 2k (k \subseteq N^+)$$

（4）装配式路面基层结构

"银锭扣"按嵌挤方式组装成平板状，在缝隙内灌注砂浆，即构成嵌挤组装式道路基层。其特点如下：

① 基块完成装配，在缝隙内灌注砂浆，经 1d 养生期，即形成具备立体嵌挤板体稳定性的路面基层结构；

② 只用一种型号基块即可满足不同道路宽度的铺设；

③ 可以利用建筑垃圾及工业固废，节约资源，循环再生。

5.4.3 施工工艺与工程应用实例

(1) 施工工艺研究

① 预制块铺设机械

图 5-37 所示为预制块铺设机械，该机械设备特点为：可以在 7～12m 宽、净空 4.5m 的空间内作业，不必为设备专门设置便道；多功能，可以实现装车、卸车、铺设作业；铺设效率达到 80 块/h；构成模块化设计、工厂化生产、绿色化施工、机械化作业的关键环节。

图 5-37 预制块铺设机械

② 施工工艺流程

这种预制混凝土块互锁式路基的施工工艺流程：预制件进场码垛→基块铺装→混凝土基块铺装→封边→砌筑路边的立路缘石→砂浆灌注→养生。其中：基块与混凝土基块安装可以同时进行作业，灌浆料养生期 24～48h；如垫层采用水泥稳定碎石，在完成水泥稳定碎石摊铺施工后不必等待养生，可顺序开展摊铺沥青砂、基块进场及铺装作业。对于面积较大、需要连续多天铺装作业的路基结构工程，应急时，可在路基块铺装完成的第二天就开始封边作业，并随后进行灌浆及养生；当砂浆达到设计强度后，也就可以进行路面材料——沥青混凝土铺设作业，形成渐进式梯度作业模式；为不影响交通，在砂浆强度达到设计要求后，路基层顶面可考虑允许临时行车；罩面时，基层顶面不撒钉子石。

其中在基块铺设、砂浆拌和及灌注工序使用机械化施工，机械铺设效率：$80m^2/h$；砂浆拌和效率：$8.0m^3/h$；砂浆灌注效率：$272m^2/h$。

施工工艺流程如图 5-38 所示。

(2) 工程应用案例

① 市政道路路口的抢修工程

长春市市政道路的某路口，从既有路基开挖、土基碾压、基块铺装、灌浆及养生，到基层顶面临时通车,施工仅用 3d。

② 主要典型工程

自 2013 年以来,这种预制混凝土路基块主要在长春、吉林、沈阳和哈尔滨市政道路工程应用,已铺装道路 40 多条,路基总面积累计超过 28 万 m^2。施工方和城市市政主管部门认为:该项新技术最大的特点:道路工程施工速度明显加快,当路面材料采用沥青混凝土时,最快一周时间就可完成从路基开挖到通车的整个施工周期。这点对冬季时间长、城市道路需快速修复的城市,显得非常适宜,社会效益和经济效益非常突出——时间成本低。

(a) 铺设格栅　　(b) 铺设基块

(c) 安放井周基块　　(d) 拌和干混砂浆

(e) 混凝土封边　　(f) 灌注砂浆

图 5-38　施工工艺流程

面积较大已经竣工的工程：沈阳市陵园街2.3万块；长春市浦东路4.2万块、丙四路1.2万块、银沙路1.2万块；吉林省磐石市振兴大道5.3万块。

面积较大正在施工的工程：长春市育民路16万块、大连路3.6万块。

5.4.4 三维嵌挤预制混凝土路基块的结构特点及生产工艺

（1）三维嵌挤预制混凝土路基块的结构

三维嵌挤预制混凝土基块的总体外观近似立方体形状，上下两面平行，四个侧面分别由一对"阳"斜面和一对"阴"斜面组成；亚结构形态：侧面上又设有横槽、竖槽、插槽、定位肋等，顶面四边设有倒角，顶面又设计成粗糙面。图5-39为实际产品的照片。

经过结构计算，这种路基块的混凝土立方体试件设计抗压强度达到C15时，就能满足交通荷载的要求。但是，在生产与工程实践中，考虑到混凝土预制块长期使用中的耐久性问题，在东北冻融地区则建议要采用C30混凝土来预制路基块。

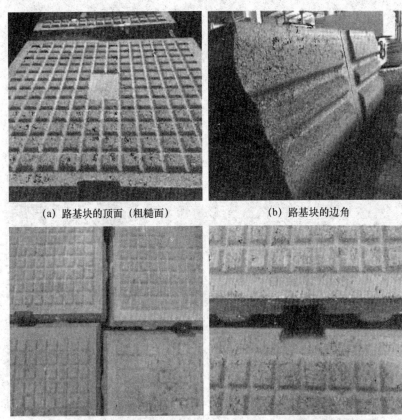

(a) 路基块的顶面（粗糙面）　　(b) 路基块的边角

(c) 路基块铺装（纵横接缝错槎排列）　　(d) 路基块铺装（竖槽及定位肋）

图 5-39　三维嵌挤预制混凝土路基块的结构特征

（2）预制路基块的生产成型工艺

① 湿法浇筑振动模型成型

最初采用了湿混凝土模注振动成型工艺。模具由5片模板组合，为除底板外可以快拆的结构。生产工艺：混凝土拌和→定量浇筑→振动台式振捣→顶面粗糙面压型→养生→拆模与组合→码垛。

该成型工艺的优点是块型的均质性较好，四侧面上的槽、肋等处的混凝土完好程度较好。问题是：生产过程中从成型到脱模的周期长，规模化生产时所需模具量和生产场地面积大；模具的快速拆模与组合，需较强和较多的劳动力；另外存在顶面需人工压型、模具接缝处存在漏浆现象、基块的厚度一致性相对较差。

② 混凝土砌块成型机干法成型

混凝土砌块成型机是采用"干"混凝土振动加压成型、即时脱模。若能在砌块成型机上实现三维嵌挤混凝土基块的成型生产，是最为理想。显然，这种块型的四个倾斜侧面及凹凸的亚结构，是采用干法成型最大的技术难题。在相关砌块机、模具制造商的通力合作下，基本实现在砌块成型机上的基块干法成型。干法成型工艺流程与普通混凝土砌块（砖）基本类似，只增加了四侧模框的开合，大致如下：混凝土拌和→模具边框的液压闭合→定量布料→振动→顶面加压→模具边框分开（脱模）→养生→码垛。

该成型工艺的优点是：成型速度快、即时脱模，可充分利用现有混凝土砌块（砖）生产线的绝大多数设备。缺点是：粘模具，基块底部的锐角处压实度差、侧面的横槽易开裂、定位肋易脱落。另外，在生产场内的码垛和运输，需特殊设计夹具。

已经在长春玛莎、沈阳玛莎公司，通过简单地改造和定制模具，先后实现了在国产砌块成型机和进口成型机上，工业化批量干法成型这种混凝土基块。块体成型高度300mm，每块 $0.27\sim0.3m^3$，生产时将两块钢栈板并成"一块"栈板用。

5.4.5 效益分析与发展现状

(1) 社会效益

试验路段道路长 150m，宽 9m。对以上试验路段为例进行效益分析。采用装配式基层结构施工的道路具有以下优点：

① 建设工期短。传统的道路修建由于需要满足基层结构 28d 养生期要求，因此道路施工工期较长（表 5-24）。而装配式基层结构由于采用预制拼装的施工方法，避免了二灰碎石基层养生对工期的约束，减少了道路施工对交通的干扰（表 5-25）。

从表 5-24、表 5-25 可知，同样为长 150m、宽 9m 的道路，使用预制装配式基层结构较二灰碎石基层结构在工期上缩短了 24d。

② 结构寿命长。装配式基层结构寿命期为 20 年，是普通二灰碎石基层结构道路的 2 倍，也就是说二灰碎石基层道路每过 10 年要进行一次翻建，而装配式基层结构道路竣工后的维护仅需对路面磨耗层进行罩面处理，缩短了施工周期，减少了对交通的干扰，提高了道路服务水平。

③ 可在较低温度条件下施工。东北地区进入 10 月份，平均气温只有 6℃左右，为

防止二灰碎石基层 28d 养生期间结构裸露越冬，9 月中旬以后基本上就不再进行二灰碎石基层的施工。如果在 10℃以下低温环境下强行铺筑沥青混凝土，将难以保证施工质量。而装配式基层结构不受养生期限制，可以在裸露环境下过冬，并且可以在未铺筑沥青混凝土的基层顶面实现简易临时通车，不会对基层结构强度产生影响。

表 5-24 普通二灰碎石结构道路施工工艺过程

项目	施工工艺							总工期 (d)
	土基			垫层	基层		面层	
日历天数	1	2	3	4～11	12～41	42	43	43
白天作业项目	开槽挖土，弃土外运，土基处理，土基碾压	土基处理，土基碾压	检查井调高处理，石灰土拌和	石灰土摊铺、碾压、养生 7d，检查井调高	二次碎石进场、摊铺、碾压、养生 28d，检查井调高	立缘石砌筑	喷洒结合油，沥青混凝土摊铺、碾压	—
夜间作业项目	同白天	同白天	同白天	同白天	同白天	同白天	同白天	—

表 5-25 装配式基层结构道路施工工艺过程

项目	施工工艺										总工期 (d)
	土基				垫层	基层				面层	
日历天数	1	2	3	4	5～12	13	14	15	16	17	18	19	19
白天作业项目	开槽挖土，弃土外运，土基处理，土基碾压	土基处理，土基碾压	检查井调高处理	级配碎石整平及碾压	水泥稳定碎石铺设、碾压、养生	基块铺设	基块铺设，双圆四角装配，雨水收水井安装	立缘石砌筑	砂浆养生	砂浆养生	砂浆养生	喷洒结合油，沥青混凝土摊铺、碾压	—
夜间作业项目	同白天	同白天	铺设级配碎石	同白天	同白天	基块铺设	混凝土封边，立缘石进场及布放	同白天	砂浆养生	砂浆养生	砂浆养生	—

④ 可利用建筑废料。预制块制作可利用粉煤灰、矿渣等各种工业固废经激发作为胶凝材料使用，也可利用建筑垃圾再生骨料，通过改进配方，优化工艺，强度性能依旧可以得到保证。同时节约资源，减少粉尘污染。

⑤ 质量可控性好。预制块采用工厂化预制，可以从原材料、配合比、制作、养生等多方面进行规范化控制及管理，减少影响施工质量的不利因素，提高道路基层质量。

综上所述，装配式道路基层的应用，可取得道路施工周期更短、道路使用寿命长、年翻建道路数量少、交通更顺畅的效果，可以最大限度地解决城市道路拥堵、道路施工工期紧张、临时占道时间长的问题。

(2) 成本分析与经济效益

① 成本分析。现阶段装配式基层造价453元/m²，是二灰碎石基层造价（394元/m²）的1.15倍（表5-26）。随着生产规模的扩大，流程更科学、设备更专业，带来的结果必然是提高效费比。根据现有数据分析，装配式基层成本中人工费、运输费、吊装费占有较大比重，这些完全可以通过生产工艺的改造升级而有较大幅度地减少。

表5-26 装配式基层与二灰碎石基层道路的造价对比

装配式基层			二灰碎石基层		
结构	厚度（cm）	单价（元/m²）	结构	厚度（cm）	单价（元/m²）
中粒式沥青混凝土AC-16SBS	4	64	中粒式沥青混凝土AC-16SBS	5	80
AL（M）-5液体石油沥青0.4L/m²		3	AL（M）-5液体石油沥青0.4L/m²		3
中粒式沥青混凝土AC-20	6	82	中粒式沥青混凝土AC-20	8	122
AL（M）-5液体石油沥青0.4L/m²		3	AL（M）-5液体石油沥青0.4L/m²		3
混凝土基块	30	225	二灰碎石	40	110
石灰土	30	46	石灰土	30	46
碎石透水垫层	15	30	碎石垫层	15	30
总造价（厚85cm）		453（元/m²）	总造价（厚98cm）		394（元/m²）

② 经济效益。全寿命费用周期对比方面，装配式基层远比二灰碎石基层耐用，假设2种道路结构在相同条件下施工，装配式基层使用年限为20年，二灰碎石基层使用年限为10年，则在未来20年内，二灰碎石基层道路需要翻建一次，即需要投入2次，按照铣刨罩面200元/m²，道路翻建394元/m²计，在不考虑物价上涨因素下，累计20年每平方米投入为394+200+394+200＝1188（元/m²）。全寿命维护费用为59.4元/（年·m²）。而装配式基层道路翻建费用为453元/m²，未来20年内只需要进行2次铣刨罩面，在不考虑物价上涨因素下，累计20年每平方米投入为：453+200+200＝853（元/m²）。全寿命维护费用为42.7元/（年·m²）。

从以上分析可知，虽然目前装配式基层比二灰碎石基层价格偏高，但是由于装配式基层材料强度高、质量保证率高、寿命长，因此虽然装配式基层每平方米造价较高，但从全寿命周期费用分析对比来看，同等设计强度下采用装配式基层结构的道路总维护费用较低。随着工艺的逐渐进步以及建筑垃圾及工业固废的使用，其生产效率将进一步提高，成本也会随之下降。

(3) 环境保护

① 减少粉尘。装配式基层结构施工，减少了二灰碎石厂拌及施工过程中的粉尘污染，同时缩短了工期，减少了车辆绕行距离和尾气污染。

② 能有效利用建筑垃圾及工业固废。近几年，我国每年建筑垃圾总排放量为15.5亿～24亿t，占城市垃圾的比例约为40%。根据上海市建材工业设计研究院的估

算，如果2020年这些建筑垃圾能够转化为生态建材，可创造价值1万亿元。

③ 减少一次性资源开采。装配式基层结构设计寿命20年，减少了50%的一次性矿产资源的开采或可延长1倍的矿产资源的服务寿命。未来还可以利用建筑垃圾，进一步减少对石料的开采量，延长一次性资源的开采寿命。

④ 减少热岛效应。由于车辆绕行里程减少，平均车速提高，尾气排放量降低，且相对分散，因此可以降低热岛效应。夏季车辆及居室空调使用率相对降低。

截至2017年，长春市城区共有市政道路3000余条，道路面积达到1524万 m^2。其中进入中修期道路1000余条，进入大修期道路300余条，进入大中修期道路的数量占道路总数量的40%以上。受维护资金限制和历史欠账等因素影响，长春市每年投入道路维护费用约1.5亿元，仅能够实施大中修道路90条，约70多万平方米，占道路总数量的4.6%。如使用装配式基层结构，平均每年可节约施工占路天数2000余天，年平均节约资金近500万元。而且能有效减少未来很长一段时间道路翻建对城市交通的影响。

(4) 发展现状

① 经过生产、工程应用实践经验的积累，并不断地优化细节，现在只要采用1种规格尺寸的基块，配套1种检查井适配组件（混凝土基块），即可满足不同道路宽度、不同路面荷载等级、不同横断形式结构的路基设计及铺设需要。这样就使工程设计、基块制造、运输、铺设及管理过程得到简化，有利于技术的推广应用。目前围绕三维嵌挤混凝土基块的块型、生产、铺装等，已经申请获得专利授权27项，所研制的专用成型模具、夹具、检测工具、灌浆设备，覆盖了工程系统全过程；已编制吉林省地方性标准《装配式路面基层工程技术标准》(DB 22/T 5006—2018)，为设计、施工与验收，提供了系统规范的技术文件。

② 长春市是该项技术的发源地。从2013年最早开始探索基块的产业化建设起，目前已有昌固建材、长春玛莎、建华建材（吉林）、吉林省天祥建材、吉林恒基、沈阳玛莎、哈尔滨龙德、鞍山盛维模板等多家企业，参与这种装配式基块的生产。各个厂家基本上实现日产1000块的能力，以基块制造厂为产业化牵引龙头，构建从基块制造、运输、装配到灌浆料生产与作业的一站式服务的发展模式。

③ 近几年来，三维嵌挤式混凝土基块的推广应用，还带来以下益处：

a. 装配式路基层技术的推广应用，能起到激活产业链上下游的作用。从混凝土砌块成型机升级换代，到生产线技术改造，直至铺设工艺及设备改造预拌砂浆、模具制造、建筑垃圾分选、机器人等，可在多个行业产生创新联动效应。

b. 促进建筑垃圾及工业固废在预制混凝土制品行业的再生利用。预制基块成型生产中，多数企业会考虑掺加建筑垃圾再生骨料、粉煤灰、矿渣等以减少对一次性资源的消耗。现有路基材料本身就拆除后就可再生循环利用于基块的生产；基块以后也仍可再生利用，完全符合循环经济发展模式。

c. 装配式路基的工程应用，可大大缩短道路建设工期。对城市交通而言，道路维护的目的是改善交通环境，但其作业过程会对交通干扰严重。尽管市政建设及交通管理部门大修道路时会采取一系列举措，却仍不能使因道路施工给交通造成的不利影响得至有效缓解。故常常出现降低维护标准，强制缩短建设工期的现象，如同饮鸩止渴，导致道路使用寿命严重缩短，道路大修间隔缩短，使修路频率增加，使交通拥堵更是雪上加霜。

混凝土材质需 28d 养生期，是基本常识。当采用装配式基层后，将混凝土材料养生期转移到预制厂，现场灌缝浆料又具备早强特性，使基层养生期缩短至 1~2d。这就可以实现快修道路施工，满足 7d 工期建设需要；而且可实现渐进式竣工方式，能尽快开放交通，减少施工占道时间。

d. 装配式基层可降低市政道路维护成本。三维嵌挤式混凝土基块层的设计使用寿命 20~30 年，在缩短建设工期，保证工程质量和延长使用寿命的同时，实际上也降低了道路全寿命年维护费用——目前在东北地区尤为明显。预制基块的质量保证率高，还减少天然石料消耗 50% 左右。

6 建筑垃圾及工业固废应用于路面面层的研究

6.1 海绵城市中透水混凝土在面层的应用

6.1.1 海绵城市概述

(1) 海绵城市简介

海绵城市是新一代城市雨洪管理概念，是指城市在适应环境变化和应对雨水带来的自然灾害等方面具有良好的"弹性"，也可称为"水弹性城市"。国际通用术语为"低影响开发雨水系统构建"。下雨时吸水、蓄水、渗水、净水，需水时将蓄存的水"释放"并加以利用。

2017年3月5日，中华人民共和国第十二届全国人民代表大会第五次会议上，李克强总理政府工作报告中提到：统筹城市地上地下建设，再开工建设城市地下综合管廊2000km以上，启动消除城区重点易涝区段三年行动，推进海绵城市建设，使城市既有"面子"，更有"里子"。

海绵城市材料实质性应用，表现出优秀的渗水、抗压、耐磨、防滑以及环保美观多彩、舒适易维护和吸声减噪等特点，成为"会呼吸"的城镇景观路面，也有效缓解了城市热岛效应，让城市路面不再发热。

(2) 海绵城市建设遵循的原则

海绵城市建设应遵循生态优先等原则，将自然途径与人工措施相结合，在确保城市排水防涝安全的前提下，最大限度地实现雨水在城市区域的积存、渗透和净化，促进雨水资源的利用和生态环境保护。建设"海绵城市"并不是推倒重来，取代传统的排水系统，而是对传统排水系统的一种"减负"和补充，最大限度地发挥城市本身的作用。在海绵城市建设过程中，应统筹自然降水、地表水和地下水的系统性，协调给水、排水等水循环利用各环节，并考虑其复杂性和长期性。

作为城市发展理念和建设方式转型的重要标志，我国海绵城市建设"时间表"已经明确且"只能往前，不可能往后"。全国已有130多个城市制定了海绵城市建设方案。确定的目标核心是通过海绵城市建设，使70%的降雨就地消纳和利用。围绕这一目标确定的时间表是到2020年，20%的城市建成区达到这个要求。如果一个城市建成区有100km^{2}的话，至少有20km^{2}在2020年要达到这个要求。到2030年，80%的城市建成区要达到这个要求。

（3）设计理念

建设海绵城市，首先要扭转观念。传统城市建设模式，处处是硬化路面。每逢大雨，主要依靠管渠、泵站等"灰色"设施来排水，以"快速排除"和"末端集中"控制为主要规划设计理念，往往造成逢雨必涝，旱涝急转。根据《海绵城市建设技术指南》，城市建设将强调优先利用植草沟、渗水砖、雨水花园、下沉式绿地等"绿色"措施来组织排水，以"慢排缓释"和"源头分散"控制为主要规划设计理念，既避免了洪涝，又有效地收集了雨水。

6.1.2 透水混凝土在海绵城市中的应用

（1）再生骨料透水混凝土

再生骨料透水混凝土是一种用废旧混凝土作为粗骨料通过水泥等胶凝材料的粘结所制备出的含有连通孔隙的透水性混凝土。具体来说，它是利用破碎、清洗、分级之后的性能检测合格的再生粗骨料，加入水泥、粉煤灰等胶凝材料，然后掺入适量的水使胶凝材料发生水化硬化的反应，通过水泥的水化作用达到凝结硬化的目的，透水混凝土的表面形状较为特别，为了能够将其更加清晰地呈现出来，下面以图片的形式展示如图6-1所示。

再生骨料透水混凝土属于"特殊的混凝土"，其特殊性的体现不仅在于原材料，更在于它的透水性能，再生骨料因其强度低等特点限制了它的利用，但是在道路上是可以广泛使用的，非机动车道路以及一些强度等级低的道路使用再生骨料混凝土是可以满足要求的，这为再生骨料的应用提供一个出口[55]。同时，随着社会的发展，人们对环保形态认识的提高，提出了建设"海绵城市"的构想，这就对路面建设提出了新的要求。道路路面用混凝土除了抗压、抗折、耐久的性能之外，还要具有一定的透水性能，为大地收集雨水资源提供便利，充分地利用自然资源，以达到良好的节约资源效果。

图6-1 再生骨料透水混凝土试块

再生骨料透水混凝土有以下几方面优点[56]：

① 利用了废弃资源，变废为宝，既减轻城市环境负担又减少了自然资源的消耗，充分地体现出当今的环保理念。

② 良好的透水性能使得雨水快速地渗入地下，使其为地下水做一个有效的补给成为可能。

③ 缓解城市排水压力，改善城市暴雨骤至城市就会出现内涝情况，天气晴朗之后又会迅速干旱的现象。

④ 再生骨料透水混凝土的内部结构使得在高温天气，地表水分能够更好地透过大孔径蒸发出来，从而达到了对路面降温的目的，这样的降温措施直接降低道路的"热岛效应"。

新拌混凝土的工作性能的测定一般以测定坍落度的方法来实现。普通混凝土的坍落度一般为50~70mm，对于再生骨料而言，坍落度与普通混凝土会有一些区别，具体结论还要从试验中得出。再生骨料透水混凝土作为一种路面材料，它硬化后的力学性能主要是指抗压强度和抗折强度，以及抗冻性等耐久性等性能。而其作为一种透水型路面材料，要具备良好的透水性能，达到最优的透水效果。应用于路面的再生骨料透水混凝土，其性能要满足技术规程的要求[57]。再生骨料透水混凝土的几种性能见表6-1~表6-3。

表6-1 再生骨料透水混凝土面层的力学性能要求

项目	性能要求	
强度等级	C20	C30
28d龄期弯拉强度（MPa）	≥2.5	≥3.5

表6-2 再生骨料透水混凝土面层的透水性能

项目	性能要求
透水系数（mm/s）	≥0.5
连续孔隙率（%）	≥10

表6-3 再生骨料透水混凝土的抗冻性能

使用条件	抗冻性能
夏热冬冷地区	D25
寒冷地区	D35

(2) 再生骨料透水混凝土配合比研究

① 初步配合比的确定方法

再生骨料透水混凝土是由再生粗（细）骨料、水泥、水以及需要时掺加的一些外加剂配制而成的蜂窝结构的透水性混凝土。混凝土的配合比计算有多种方法，但由于再生骨料是通过建筑垃圾破碎筛分而来,它的表面与球形相去甚远,故而不能采用以表面形状为球形计算得来的比表面积法。再生骨料透水混凝土在计算时要考虑其透水性,引入一个控制变量——目标孔隙率,以此来控制配制出的混凝土的透水性达到预期值,故而采用体积法进行配合比计算。

$$R = 1 - \frac{M_G}{\rho_G} - \frac{W_W}{1000} - \frac{W_C}{\rho_C} \tag{6-1}$$

式中　R——目标孔隙率;

　　　ρ_G——再生粗骨料的表观密度;

　　　M_G——再生粗骨料的用量;

　　　W_W——再生骨料透水混凝土的用水量;

　　　W_C——再生骨料透水混凝土水泥的用量;

　　　ρ_C——再生骨料透水混凝土水泥的密度;

在进行配合比计算时,首先考虑其水胶比。水胶比不仅影响着强度,而且透水性有一定的影响,两个相对矛盾的性能指标制约着水胶比的确定,所以再生骨料透水混凝土在确定水胶比的方法上不同于普通混凝土。配制再生骨料透水混凝土水胶比过高,其新拌混凝土的流动性大,工作性能好,易于填充,水分蒸发之后会留下很多的毛细通道,可以提高透水混凝土的透水性,却降低了其强度。

水胶比过低,新拌混凝土的和易性会很差,同时也不利于骨料之间较好的粘结,对于再生骨料透水混凝土来说,还可能出现沉浆问题,强度提高了,透水性会非常差。所以,重要的是选择合适的水胶比。根据规范和试验来看,水胶比的选择一般为0.25~0.4。

确定好计算方法和水胶比之后还有一个需要解决的问题,那就是用水量问题,前文强调过,再生骨料吸水率大,用水量如果没有控制好,和易性就差,这将会导致骨料与骨料之间没有一个好的粘结,所以需要考虑在计算值的基础上额外附加一部分水作为再生骨料透水混凝土用水量的一个很好的补充。随着再生骨料种类的不同,它的吸水率也有所不同,对此张学兵、邓寿昌等人专门针对再生骨料附加水做了研究,并且提出的实用计算公式。

$$\Delta W = \begin{cases} (2.00569 - 0.61793 e^{-0.2048t}) \% m_{RCA} & (0 \leqslant t \leqslant 60h) \\ (1.99318 + 1.10234 \times 10^{-4} t) \% m_{RCA} & (60h < t \leqslant 24h) \\ 2.15 \% m_{RCA} & (t > 24h) \end{cases} \tag{6-2}$$

② 配合比设计

确定了再生骨料透水混凝土的配合比计算方法以及原材料的选取之后,结合试验的目的,在提高再生骨料透水混凝土强度和透水性的基础之上,重点提高再生骨料透水混凝土的耐久性,对此次试验设定了三个影响因素——水胶比、浆骨比、粉煤灰掺量,每个因素设计了3个水平,将分别对其抗压强度、抗折强度、透水性能、抗冻性能进行性能检测,由于影响因素较多,采用全试验方法较为不便,故而采用正交试验法对试验进行整体设计、综合比较、统计分析,其中,正交设计因素——水平表见表6-4,再生骨料透水混凝土配合比表见表6-5。

表6-4 正交设计因素—水平表

水平	因素			
	(A) 水胶比	(B) 浆骨比	(C) 粉煤灰掺量 (%)	(D)
1	0.25	0.42	5	—
2	0.3	0.47	10	—
3	0.35	0.52	15	—

表6-5 再生骨料透水混凝土配合比

编号	再生粗骨料 (kg/m³)	水 (kg/m³)	水泥 (kg/m³)	粉煤灰 (kg/m³)
RPC1	1360	140	415	22
RPC2	1360	160	440	49
RPC3	1360	160	436	77
RPC4	1360	160	389	44
RPC5	1360	180	425	75
RPC6	1360	190	500	26
RPC7	1360	170	345	61
RPC8	1360	190	430	23
RPC9	1360	210	455	51

(3) 透水系数的测定

① 再生骨料透水混凝土透水性能的测定方法(图6-2)

将试件擦拭干净然后晾干,用混凝土用胶除去试件上下面以外的四周密封,待试件密封完好,用水把试件预先浸湿至饱和状态,然后放在透水装置之中,采用手机秒表计时,用带刻度的烧杯灌取900mL的自来水,将水倒入装置,在水倒下的同时按动秒表进行计时,表面无水时结束计时,最后用透水总量除以试件透水面面积再除以时间即为再生骨料透水混凝土试件所测定的透水系数。具体计算公式如下:

$$K_S = \frac{W}{St} \tag{6-3}$$

式中 K_s——透水系数(mm/s);

W——透水总量(mm³);

S——试件透水面面积(mm²);

t——试件透水所需时间(s)。

② 再生骨料透水混凝土正交试验强度及透水性的试验结果(表6-6)

图 6-2 试块透水系数的测定

表 6-6 再生骨料透水混凝土试验结果汇总表

编号	抗压强度（MPa）	抗折强度（MPa）	连通孔隙率（%）	透水系数（mm/s）
RPC1	11.0	1.9	18	7.5
RPC2	11.6	2.1	14	6.0
RPC3	11.3	2.0	10	4.1
RPC4	12.4	2.4	18	8.2
RPC5	11.8	2.0	15	7.0
RPC6	12.2	2.0	10	4.9
RPC7	10.6	1.7	19	9.9
RPC8	11.2	1.8	15	7.5
RPC9	11.4	1.8	11	5.5

表 6-7 为再生骨料透水混凝土透水系数测定值经过极差分析所得到的各个因素对连通孔隙率的影响指标的大小和通过分析得到的影响因素的主次顺序。

表 6-7 正交试验透水系数极差分析表

试验指标		影响因素			
		A	B	C	D
透水系数	$K1$	17.67	25.62	19.85	—
	$K2$	20.08	20.45	19.68	—
	$K3$	22.76	14.44	20.96	—
	$\overline{K_1}$	5.89	8.54	6.617	—
	$\overline{K_2}$	6.693	6.817	6.56	—
	$\overline{K_3}$	7.587	4.813	6.987	—
	优水平	A_3	B_1	C_3	
	R_4	1.697	3.727	0.427	
	主次顺序		B→A→C		

对于连通孔隙率和透水系数来说，影响最大的因素都是浆骨比，浆骨比越大，说明浆液越稀；反之，浆骨比越小，骨料粘结得不够密实，内部会有大量的空隙，包括封闭空隙、半封闭空隙、上下连通空隙。在透水过程中起到有效作用的是半封闭空隙以及连通空隙，换言之，空隙越多，连通空隙率和透水系数就会越大。所以，浆骨比对它们的影响非常明显。

（4）透水混凝土的应用分析

再生骨料透水混凝土以其良好的透水性能完美地替代了原始封闭路面，透水路面在降雨过程中充分地发挥了它的优势。在工程应用中，透水路面的铺装结构如图6-3所示，立体地展示出透水路面的结构构造。

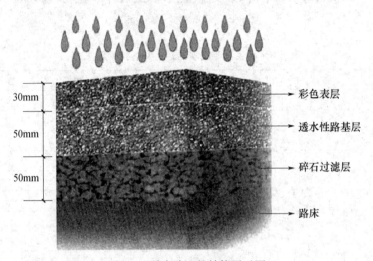

图6-3 透水路面的结构展示图

对于再生骨料透水混凝土应用的现实意义，从经济层面来说，建筑垃圾经过处理后的再生骨料替代天然碎石，其价格与天然石材相比极低，为混凝土的拌制节约了成本。此外，每个城市都有建筑垃圾，如果把这些建筑垃圾都合理利用起来，"自产自销"，将减少大量的运输费用；从环保层面来说，建筑垃圾的堆放长期以来都是城市的一个"毒瘤"，在这个难题即将爆发的时候，再生骨料透水混凝土的出现，解放了城市的土地，为推进城市的进一步发展做出了贡献；从社会层面来说，在烈日炎炎的夏日，走在城市整洁油亮的路上，不免会想要逃离城市，去往湿地，感受清风拂面、绿草如茵，人们对于城市的要求不再是高楼林立，而是城市生态的健康化、绿色化，再生骨料透水混凝土的铺设对于建设这样理想中的城市湿地有非常重要的意义。另外，每逢雨季，城市内涝问题也越来越突出，不仅给市民的出行和生活带来不便，甚至威胁着市民的生命安全。为解决这一问题，在改善城市地下管网排水系统的同时，用透水路面材料替代路面不透水材料，极大地缓解地下排水压力，杜绝严重的城市内涝问题的出现（图6-4）。

6 建筑垃圾及工业固废应用于路面面层的研究

图 6-4 效果对比图

再生骨料透水混凝土的实际应用,是一个相对复杂的过程,需要长时间的探索,首先,要做好建筑垃圾的产生及分类工作,为使建筑垃圾在新建建筑产生的建筑垃圾和拆除建筑物能够得到合理有效的利用,应该及时分类建筑垃圾,并定点处理,这需要企业的配合以及专业人员的参与,关于这一点,最好的是方法直接纳入开发商的开发流程,这样才能加快建筑垃圾循环利用的步伐。其次是提高再生骨料的机械化生产的效率,将建筑垃圾分类之后进行清洗、破碎、筛分、检测等一系列处理。最后是考虑将再生骨料应用于工程实际中的问题,强度低的再生骨料可以考虑应用于路面,比如城市的人行道、公园、广场的透水铺装,再如乡村的村级公路、生产小道等,建筑物或构筑物可以使用强度高的优质再生骨料,甚至于可以应用于建筑物的承重构件。建筑垃圾经过处理之后成为可使用的再生骨料,然后直接根据需求制备出不同品种的混凝土。尽量做到加工、生产、制备、销售一体化,如此,再生骨料的应用便可切实地加快推进。下面将介绍一个透水铺装的工程实例,以此来说明再生骨料透水混凝土的实际应用情况。

工程概况:梅河支流生态治理范围:南水北调中线工程倒虹吸出口到梅河干流(入梅河),长度6.167km,蓝线宽度约80m,以桩号MZ4+200为界(商登高速)分为南北两部分。施工范围为南水北调中线工程倒虹吸出口到地下箱涵进口(MZ0+800)及地下箱涵出口(MZ1+451)到商登高速(MZ4+200),长3549m。

主要工程内容包括河道工程、建筑物配套工程、水生态环境营造工程及滨水景观工程等。河道工程包括新河道开挖、地下箱涵、原河道疏浚开挖以及河道护岸防护、下河踏步等修建;拦蓄水建筑物和挡水堰建筑物是建筑物配套工程;水生态环境营造工程包括水生植物种植和生态基槽营造等,规划景观水系总面积100461万平方米。

在这项生态工程项目中,护坡、园路、两岸坡、堤顶等都采用了大量的透水混凝土来铺设,既起到防护作用又兼顾了生态功能。图6-5以图片的形式展现了梅河支流生态治理区透水铺装的过程,经过规划、设计、铺装,梅河支流生态治理区前后呈现出不同的景象。

图6-5 梅河支流生态治理区园路透水铺装过程

总而言之,应该在日益成熟的技术支撑之下,不断开拓思路,使得再生骨料更多地应用于生产实践。再生骨料透水混凝土的应用在不同角度下,都有其有益于社会发展,促进人民生活幸福,维持生态平衡的重大意义。

6.1.3 透水沥青混凝土

(1) 透水沥青混凝土概述

透水沥青混凝土在国际上是一种较为先进的筑路材料。透水沥青混凝土是具有高孔隙率的排水材料,它是利用级配调整使粗细骨料间的孔隙率提高至20%左右,使降落在道路上的雨水,从透水沥青混凝土内大量的孔隙迅速排至道路两边,道路两边的透水沥青混凝土内埋设有透水管,雨水汇集至透水管,再由管道导入雨水口,从而完成路面排水。与普通沥青混凝土路面相比,透水沥青混凝土路面主要有以下几个优点:

① 改性后的沥青韧性、强度高,确保透水沥青混凝土耐久性好;

② 不易剥落和老化,高温天气不易产生泛油现象;

③ 雨天路面排水迅速,不会在路面形成积水,减少行车打滑,同时减少雨夜车灯光的反射,确保行车安全;

④ 有效地降低行车噪声,为周边居民提供一份安宁;

⑤ 增强道路保水能力,减缓都市气候高温化、干燥化的热岛效应。

(2) 透水沥青混凝土技术指标及要求

透水沥青混凝土在城市道路上的使用，对提高城市道路的品质，改善城市生态环境，提升城市环境品质都有十分重要的意义。《透水沥青路面技术规程》（CJJ/T 190—2012）对透水沥青混凝土的技术指标及技术要求见表6-8。

表6-8 透水沥青混凝土技术指标与要求

技术指标	单位	技术要求
马歇尔试件击实次数	次	两面各50
空隙率	%	18~25
连通空隙率	%	≥14
马歇尔稳定度	kN	≥5.0
流值	mm	2~4
谢伦堡沥青析漏量	%	<0.3
肯塔堡分散损失	%	<15
渗透系数	mL/(15s)	≥800
动稳定度（60℃）	次/mm	≥3500
冻融劈裂强度比	%	≥85

(3) 透水沥青混凝土施工技术

① 施工前准备工作

a. 要求沥青拌和厂提供石料强度、磨光值、磨耗值、黏附性等沥青的各项指标资料，并确定各项原材料符合要求。

b. 确定配合比符合技术规范的要求，生产配合比在沥青混凝土拌和楼上调试完成，将各种骨料组成符合要求的级配。

c. 检查沥青的针入度、延度、软化点等沥青性能指标，确定满足规范要求。

d. 检查马歇尔试验，保证混合料的稳定值、流值、空隙率、饱和度等符合设计要求。

e. 在沥青混凝土供料过程中应进行各种检测试验，以确定沥青用量、稳定度、流值、空隙率、密度、级配等指标以及波动情况，监督厂家及时调整，使沥青混凝土的质量保持相对稳定。

f. 质检人员随时注意沥青混合料的外观检查，当发现混合料拌和不均，有花白、粗细分离、结块现象或沥青出厂温度过高，混合料冒棕色的"烟"或有燃油混入等情况，该料不得使用。

② 下层中粒式沥青混凝土的平整度

透水沥青混凝土作为面层不宜过厚，一般厚度在5cm左右，如果以道路10m宽，横坡1.5%为例，道路横向高差15cm，因此，为了保证路表水通过透水沥青混凝土排入道路两侧，必须保证下层中粒式沥青混凝土的横坡、平整度，否则，仍可能有积水产生。一般道路只对面层进行平整度、横坡等一系列项目验收，透水沥青混凝土还要对下层中粒式沥青混凝土平整度、横坡等项目进行验收，验收标准按面层标准：平整度5mm，横坡±1%。

③ 空隙率及压实度

透水沥青混凝土技术要求空隙率必须控制在20%左右，如果空隙率过大，会影响沥青混凝土的耐久性；如果空隙率过小，透水沥青混凝土排水将达不到预期效果。施工时要保证一定的空隙率，必须选择合适的压路机吨位、压路机的碾压次数，压路机吨位和压路机的碾压次数可以由试验确定。路面应无轮迹，终了温度要符合规范要求。

碾压时应注意以下几点：

a. 碾压顺序由标高低的位置向标高高的位置碾压。

b. 压路机的碾压段长度应与摊铺机速度相适应，并保持大体稳定。一般压路机与摊铺机距离10m。

c. 压实过程中应严格控制温度、行驶速度、平整度、压实度及横坡度，特别注意橡胶压路机（终压）的碾压温度必须严格控制在50~70℃确保透水沥青面层路面外观及内在质量。

d. 沥青混合料有粘轮现象时，可洒少量水或加洗衣粉的水，严禁洒柴油，轮胎压路机碾压一段时间轮胎发热后应停止向轮胎洒水。

e. 压路机不得停顿在未碾压成型的路段；压路机启动、停止应减速缓慢进行；压路机在一区段内的终压点上应呈台阶状延伸，相邻碾压带应相错0.5~1m，不得在同一横断面上。

f. 碾压时应划分好初压、终压区段，碾压完成后停驶压路机只能停放在终压已完成的路段上。

g. 当天碾压未冷却的沥青混合料面层上不得停放任何机械设备或车辆。

④ 沥青的到场温度

透水沥青混凝土的沥青是高黏度改性沥青，施工技术要求其到施工现场摊铺的温度为175℃±5℃，比普通沥青高10℃。透水沥青混合物因为空隙率高，比通常的加热沥青混合物更容易冷却，因此，沥青运输时的运距、摊铺时间、当时气温与保温措施十分重要，可现场试验决定。当在夏季运输，短于0.5h时，一般不必采取保温措施，否则应用篷布等覆盖。透水沥青混凝土在夜晚施工，运输还需要加盖一层篷布保温，方能保证透水沥青到场温度。沥青混凝土运至摊铺点后应检查拌合料到场温度以及质量。

(4) 透水沥青路面类型

透水沥青路面根据其透水（排水）方式可分为三种类型：Ⅰ型（表层排水式），路表水进入路面后由面层排出并引到邻近排水设施；Ⅱ型（半透式），路表水进入路面后由基层（或垫层）排出并引到邻近排水设施；Ⅲ型（全透式），路表水进入路面后直接进入路基。

Ⅰ型透水沥青路面要求面层具有透水性能，在基层上设隔水层，使进入面层内部的水通过路面纵横坡，最终横向排出。Ⅰ型透水沥青路面最广泛的应用形式为OGFC路面，主要用于高速公路，解决雨天行车安全问题，大体结构如图6-6所示。

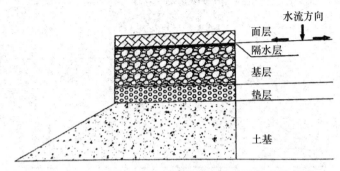

图6-6　Ⅰ型透水沥青路面结构及水流渗透方向示意图

Ⅱ型透水沥青路面要求面层、基层、垫层都具有一定的透水性能，但在土基上必须设置隔水层，使透入水汇入路面内部的纵向排水管、横向排水管或盲沟、盲管等，并收集到一起排出，保证土基强度不受雨水干扰。该路面结构适用于土基渗透性较差的地区，大体结构如图6-7所示。

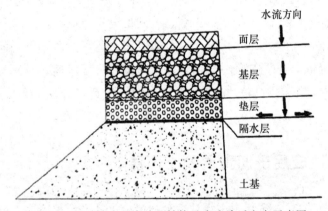

图6-7　Ⅱ型透水沥青路面结构及水流渗透方向示意图

Ⅲ型透水性沥青路面要求面层、基层、垫层和土基都具有良好的透水性能，并提供一定的力学强度，保证路面雨水在规定的时间内迅速透入土基，补充地下水。该路面结构适用于土基渗透性较好的地区，大体结构如图6-8所示。

透水沥青路面修筑与否，或者修筑何种类型的路面，与当地的土质类型、地形条件、荷载状况以及气候状况密切相关，特别是土质类型。由于土基渗透能力和过滤水平的差别，透水沥青路面的设计将随着土质类型的差别选择不同的材料和路面结构。地形条件将会影响透入水在路面内部的流动路线，以垂直渗透为主要方式还是以水平或者斜向流动为主要方式。气候状况对路面表层的设计渗透速率和储水基层的储水量有很大影响,也影响有效的冰冻深度。因此,在修筑透水沥青路面时一定要因地制宜,选择适合各自地区的路面结构形式。

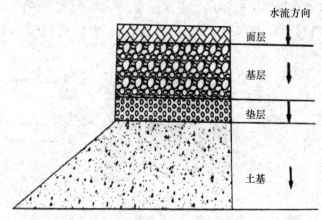

图6-8 Ⅲ型透水沥青路面结构及水流渗透方向示意图

有研究表明,允许雨水进入土基的透水沥青路面仅适用于坡度平缓、土基渗透性强(较好的或者相对好的透水性)、荷载较小以及具有相对较深地下水位和岩床线的地区,能否应用于中等交通及重交通道路值得商榷。此外,由于表面层空隙率大,为了防止堵塞,影响其功能性的发挥,三种形式的透水性路面都不适宜修筑于风蚀地区。

透水沥青路面主要适用于新建、扩建、改建的公路工程(道路工程)、市政工程、室外工程、园林工程、广场、停车场、人行道等路面。一般情况下,需要减小降雨时的路表径流量和降低道路两侧噪声的新建、改建城市高架快速路及其他等级道路,宜选用Ⅰ型;需要缓解暴雨时城市排水系统负担的各类新建、改建道路,宜选用Ⅱ型;公园、小区道路、停车场、广场和轻型荷载道路,可选用Ⅲ型。

6.2 钢渣尾渣应用于沥青混凝土面层

本小节内容节选自2017年唐山钢铁冶金固废会议系列会议论文,武汉理工大学硅酸盐建筑材料国家重点实验室吴少鹏[58]的《钢渣尾渣全组分阶梯利用的理论与实践》。

6.2.1 钢渣尾渣研究背景

(1)钢渣来源

在炼钢过程中,残留的助熔剂(如石灰石粉)与氧化物烧结,然后与铁元素反应形成钢渣。

(2)钢渣产量

2016年全国钢渣总产量超过2亿吨;全国钢渣堆存面积超过34万平方米,比武汉东湖总面积还大，对环境污染严重。

(3) 钢渣利用

从图 6-9、图 6-10 可以看出，日本等发达国家综合利用率较高，主要利用在道路工程之中。我国钢渣利用率约为 23%，距世界主要发达国家差距明显，因此钢渣的利用需要以绿色建材产业化为突破口。

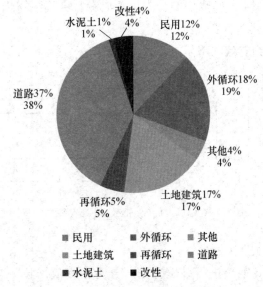

图 6-9 日本等发达国家钢渣应用体系

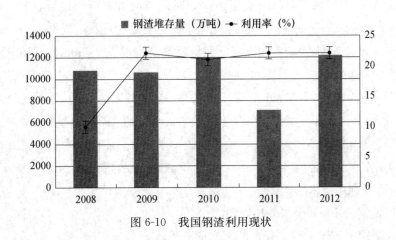

图 6-10 我国钢渣利用现状

(4) 公路建设与资源消耗

① 截至 2016 年年底，全国公路通车总里程为 469.63 万千米，比上年增加 11.90 万千米。公路养护里程 459.00 万千米，占公路总里程 97.7%。

② 每年仅公路建设需要骨料近 10 亿吨，水泥 1.2 亿吨。

③ 自然资源浪费与过度开采现象严重，玄武岩只能再供给 15 年。

6.2.2 钢渣尾渣全组分利用技术

（1）传统钢渣处理工艺（图 6-11）

传统钢渣处理工艺所存在的问题如下：

① 简单的破碎磁选导致钢渣骨料粒度规格不稳定；

② 存放过程中，钢渣骨料表面的粉尘等杂质颗粒会逐渐固化，使其表面状态发生改变，影响其与沥青的黏附性；

③ 尾渣并没有得到有效利用。

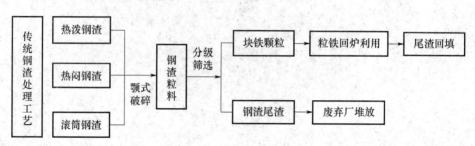

图 6-11 传统钢渣处理工艺图

（2）全组分利用工艺

① 将粒径＞80mm 钢渣进行破碎分选，分为粗钢渣（粒径≥2.36mm），细钢渣（粒径＜2.36mm）。

a. 粗钢渣（粒径≥2.36mm）应用于：普通钢渣沥青混凝土面层材料（粒径 10～15mm、5～10mm、3～5mm）；透水钢渣沥青混凝土面层材料（粒径 10～15mm、5～10mm、3～5mm）；透水钢渣水泥混凝土面层材料（粒径 5～10mm）；钢渣透水砖面层材料（粒径 5～10mm）。

b. 细钢渣（粒径＜2.36mm）应用：其中 Fe≥35% 的部分用做铁质校正材料（＜3mm）；Fe＜35% 的部分用作水泥混合材（＜3mm）、孔型钢渣砖面层材料（＜3mm）。

② 粒径＞80mm 钢渣可经水洗、植物吸收、水循环、将废水中重金属 Pb、Cr 循环吸收后直接用作水泥混合材（＜3mm）、孔型钢渣砖面层材料（＜3mm）。

（3）全组分利用技术的优势

① 可实现钢渣 100% 全组分梯级利用；

② 可为道路工程提供性能优良的新型抗滑骨料；

③ 可为水泥混凝土的生产提供来源广泛的配料；

④ 钢渣微粉可用作水泥混合材；

⑤ 目前技术可将钢渣转化为海绵城市中的透水材料。

6.2.3 钢渣尾渣应用于沥青混凝土

（1）钢渣特性研究（表 6-9）

表 6-9 钢渣化学成分（XRF 分析）

化学组分（%）	CaO	MgO	Fe₂O₃	Al₂O₃	SiO₂	其他	LoI	碱值
转炉钢渣	42.7	5.19	24.55	3.25	19.24	1.52	0.32	2.2
石灰岩	46.8	1.74	0.2	0.3	14.55	30.1	1.02	3.1
玄武岩	7.14	5.59	0.5	18.3	58.09	5.4	0.69	0.2

通过对钢渣化学成分（XRF）进行检测分析，钢渣硅铝质成分含量较高，具有较强的活性；

对表观形貌进行分析（SEM），钢渣表面呈现多孔特征，质地坚硬（图6-12）；

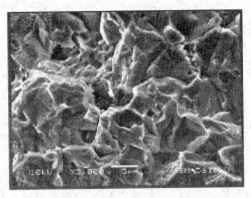

图 6-12 钢渣表面形貌（SEM）

对钢渣热稳定性（DSC-TG）进行分析，结果表明钢渣在热料加工过程中性质稳定；

对元素组成（EPMA）进行分析，表面富含 Al^{3+}、Ca^{2+}，与沥青的黏附性良好；

通过原子吸收光谱（AAS）对毒性进行分析，结果表明钢渣材料是一种对环境较安全的材料。

综上：钢渣是一种优质材料，可应用在沥青路面和水泥行业等。

（2）钢渣沥青混凝土（表 6-10）

表 6-10 钢渣骨料性能

试验项目			试验结果		技术要求	试验规程
			钢渣	玄武岩		
密度试验	13.2～9.5mm	表观相对密度	3.365	2.923	≥2.9	T0304—2005
		吸水率（%）	1.68	0.6	≤3	
	9.5～4.75mm	表观相对密度	3.152	2.915	≥2.9	
		吸水率（%）	1.99	0.8	≤3	
压碎值（%）			10.4	14.9	≤22	T031—2005
针片状含量（%）			5.1	7.2	≤12	T0312—2005
			4.3	6.0	≤12	
黏附性等级			5	5	≥4 级	T0616—2000

续表

试验项目	试验结果		技术要求	试验规程
	钢渣	玄武岩		
磨光值	46.7	44	≥42	T0321—2005
坚固性（%）	0.8	2.2	≤12	T0314—2000
水洗法 0.075mm 以下含量（%）	0.5	0.5	≤1	T0310—2005
浸水膨胀率	1.4	—	<2	T0348

从表 6-10 可以看出，钢渣是可替代天然矿质骨料的理想筑路材料。

从表 6-11 可以看出，钢渣沥青混凝土满足高等级路面建设要求，可以代替传统混凝土应用于高速公路新建工程。

表 6-11 钢渣沥青混凝土性能

检测项目		技术要求	试验结果		技术标准
			钢渣 SMA-13C	玄武岩 SMA-13C	
动稳定度（次/mm）		≥3000	7817	5600	公路沥青路面施工技术规范（JTG F40—2004）
马歇尔稳定度（kN）		≥6.0	9.2	9.7	
水稳定度	残酷稳定度（%）	≥80	93.9	90.7	
	劈裂强度比（%）	≥80	90.8	88.5	
最佳油石比（%）		—	6.0	5.8	
析漏损失（%）		≤0.1	0.04	0.06	
肯特堡飞散损失（%）		≤15	7.2	8.9	
孔隙率（%）		3～5	3.8	3.9	

(3) 钢渣应用在沥青混凝土中的好处

① 替代天然骨料，减少天然骨料开采，保护环境；

② 解决钢渣大面积堆积问题；

③ 大量利用钢渣，降低工程造价；

④ 改善沥青路面的抗高温车辙及水损害性能，大幅度提高沥青路面的耐久性。

(4) 钢渣在水泥中的应用（表 6-12）

表 6-12 钢渣代替铁矿石用作水泥熟料的性能分析

名称		比表面积（m²/kg）	标准稠度	3 天强度（MPa）	28 天强度（MPa）
实施前 8 月（代替前）		348	26.0	33	52.3
实施后	10 月	353	24.2	30.9	56.5
	11 月	351	23.8	31.2	57.3
	12 月	349	24.0	31.2	57.5

由表 6-12 可以看出，钢渣替代后的效果：熟料的 28d 抗压强度由原 52.5MPa 提高到 57.5MPa。标准稠度由 27.2 下降至 23.4，净浆流动度稳定在 220mm，混合材掺量

提高了1.5%,平均水泥成本降低了1.6元。

(5) 钢渣在水泥混凝土中利用能解决的问题

① 减少水泥生产成本,降低煤耗,节约资源;

② 避免大粒径钢渣利用后的尾渣回填;

③ 有效利用水洗后的钢渣细颗粒的浪费;

④ 能解决天然砂中细料含量少导致水泥混凝土性能差的问题。

6.2.4 工程实例与实践

(1) 工程实例 钢渣沥青混凝土工程实例如表6-13及图6-13~图6-15所示。

表6-13 钢渣沥青混凝土工程实例

序号	钢渣沥青混凝土	应用成果	建设地点、时间	使用状况
1	SMA-13	仙桃汉江公路大桥桥面铺装	仙桃天仙大桥、2004	良好
		武黄大修工程豹澥匝道	武黄高速豹澥镇、2003	良好
2	AC-10I	武钢环厂西路加铺	武钢金资公司、2002	良好
	AC-20I			良好
3	AC-13C	武汉光谷四路道排工程	规划一路至高新五路、2012	良好
4	AC-25C			良好
5	AC-13C	黄鄂高速	黄鄂高速、2014	良好
6	AC-13C	"汉十"高速	"汉十"高速养段上面层、2015	良好
7	AC-13C	"宜张"高速	宜昌—当枝段、2015	良好
8	AC-13C	襄荆高速养护工程	襄阳—荆州	良好

从表6-13可以看出,已经累计铺设钢渣沥青路面8条,总里程超过10km;经过15年的正常运行,几条钢渣沥青路面均表现出良好的耐久性能。

表6-14中检测结果表明:宜张高速当枝段钢渣沥青混凝土路面在使用一年半后各项性能均满足设计要求,路面综合性能与辉绿岩沥青混凝土无明显差异。

表6-14 钢渣/辉绿岩沥青路面性能对比(宜张高速新建工程)

检测参数	权重	设计要求	检测平均值/代表值		性能差异
			钢渣沥青路面	辉绿岩沥青路面	
摩擦系数(BPN)	2	≥45	73	78	-6.4%
构造深度(mm)	2	≥0.55	0.99	0.91	8.8%
渗水系数(mL/min)	2	≤120	90	80	-12.5%
弯沉(0.01mm)	3	≤22.3	7	6.4	-9.4%
车辙(mm)	1	≤10	3.13	3.10	-1.0%
横向力系数	2	≥54.0	65.4	65.1	0.5%
平整度(m/km)	2	≤2	1.9	1.8	-5.6%
综合对比			-4.26%		

表 6-15 中检测结果表明：襄荆高速钢渣沥青混凝土路面在交通量大、重载车辆多的交通条件下在使用半年后各项性能均满足设计要求，与玄武岩沥青路面对比性能基本相同。

表 6-15　钢渣/玄武岩沥青路面性能对比（襄荆高速养护工程）

检测参数	权重	设计要求	检测平均值/代表值		性能差异
			钢渣沥青路面	玄武岩沥青路面	
摩擦系数（BPN）	2	≥45	63	58	8.6%
构造深度（mm）	2	≥0.55	0.91	0.94	−3.2%
渗水系数（mL/min）	2	≤120	49	42	−16.7%
弯沉（0.01mm）	3	≤22.3	8.1	7.4	−9.5%
车辙（mm）	1	≤10	8.78	8.78	0.0%
横向力系数	2	≥54.0	54.5	55.2	−1.4%
平整度（m/km）	2	≤2	1.5	1.8	17.6%
综合对比（%）			−1.34		

图 6-13　仙桃天仙大桥桥面 SMA 铺装（2004 年建设）

图 6-14　武黄豹澥段 SMA 铺装（2003 年建设）

6 建筑垃圾及工业固废应用于路面面层的研究

图 6-15 武汉三环孟家铺 SMA 长大纵桥面铺装（2015 年建设）

（2）经济效益分析（表 6-16）。

表 6-16 工程应用实例经济效益分析

1. 以宜张高速新建工程（以 1km×5m 为基准）为例核算经济效益			
项目	钢渣上面层（AC-13）	辉绿岩上面层（AC-13）	备注信息
1km 沥青混合料质量/（t）	2.7×15×0.04×1000＝1620	2.54×15×0.04×1000＝1524	钢渣沥青混合料密度 2.70t/m³ 辉绿岩沥青混合料密度：2.54t/m³
1km 沥青混合料材料成本/（万元）	(57.25％×130＋9.54％×190＋23.85％×45＋4.77％×160＋4.58％×5200)×1620＝56.55	(66.79％×190＋23.85％×45＋4.77％×160＋4.58％×5200)×1524＝58.43	钢渣到价：130 元/t 辉绿岩到场价：190 元/t 石灰岩到场价：45 元/t 矿粉价格：160 元/t SBS 改性沥青价格：5200 元/t
结论	钢渣沥青混凝土的应用为 1km 宜张高速新建工程（上面层）节约材料成本 1.88 万元		
2. 以荆门北沥青拌和站运营（以 1km×5m 为基准）为例核算经济效益			
项目	钢渣上面层（AC-13）	辉绿岩上面层（AC-13）	备注信息
1km 沥青混合料质量（t）	2.7×15×0.04×1000＝1620	2.54×15×0.04×1000＝1524	钢渣沥青混合料密度 2.70t/m³ 辉绿岩沥青混合料密度：2.54t/m³
1km 沥青混合料材料成本（万元）	(70.67％×105＋6.60％×155＋7.54％×58＋9.43％×126＋5.75％×3800＋0.3％×11000)×1620＝57.05	(73.52％×155＋10.37％×58＋10.37％×126＋5.75％×3800＋0.3％×11000)×1524＝58.60	钢渣到场价：105 元/t 辉绿岩到场价：155 元/t 石灰岩到场价：58 元/t 矿粉价格：126 元/t SBS 改性沥青价格：3800 元/t 聚酯纤维价格：11000 元/t
结论	钢渣沥青混凝土的应用为 1km 襄荆高速养护工程（上面层）节约材料成本 1.55 万元		

钢渣沥青混凝土的应用在赋予沥青路面优异抗车辙性能、水稳性能的同时，能节约材料成本，经济效益明显。

7 工业固废制备地聚合物基绿色胶凝材料

7.1 地聚合物介绍

(1) 硅酸盐水泥的不足

在不到 200 年时间里，硅酸盐水泥得到广泛应用，成为现代人类文明建设中不可缺少的物质基础。随着建设规模日益扩大，我国水泥工业得到飞速发展，2011 年水泥产量达到 20 亿吨，已连续 20 多年居世界第一位。

虽然现代硅酸盐水泥得到大规模应用，但仍然存在如下不足：

① 耐久性不够：硅酸盐水泥 CaO 含量高（63%～67%），其水化产物中，除了 C-S-H 外，其他水化产物在化学上和物理上都是活性物质，如 $Ca(OH)_2$、$(1.5～2)CaO \cdot SiO_2 \cdot nH_2O$、$(3～4)CaO \cdot Al_2O_3 \cdot (10～19)H_2O$、$(3～4)CaO \cdot Fe_2O_3 \cdot (10～13)H_2O$ 都不是自然界天然存在的矿物，这些水化产物会随时间延长逐渐发生转化，或溶解于环境介质中，或与环境介质发生化学反应[59]。

② 混凝土收缩大：体积稳定性差，易产生裂缝，导致混凝土结构过早劣化。

③ 环境协调性差：水泥生产排放大量的 CO_2、NO_x 和 SO_3 等有害废气和粉尘，这些污染物的排放给环境造成很大负荷，加剧了温室效应和酸雨的发展程度，对全球气候和人类生存环境产生极其不利的影响。

④ 生产能耗高：每生产 1t 水泥要耗费 115kg 煤和 108kW·h 电[60]。

⑤ 消耗大量的石灰石等自然资源。

地壳中丰度（平均质量百分比）较大的元素主要有氧、硅、铝、铁等，钙元素的丰度较小，只有 5.06%。而在水泥熟料中，钙元素含量一般为 44%～48%。虽然硅酸盐水泥的主要元素和地壳中含量最高的几种元素的种类相同，但元素含量由大到小的顺序和地壳中元素的丰度次序差异较大，特别是钙的含量相差较大。由此可见，硅酸盐水泥不是与地壳天然元素成分相适应的理想胶凝材料。

与现代水泥混凝土耐久性不足不同的是，古代建筑表现出卓越的耐久性。埃及金字塔、罗马大剧场、那不勒斯海港、Kameiros 蓄水池等古代建筑历经几千年的风雨侵蚀存在至今，充分说明古代胶凝材料具有优良的耐久性。研究发现：古代胶凝材料产物的化学组成、溶解度与现代水泥产物有相当大的差异。古代胶凝材料产物中的 CaO 含量较低，而 Al_2O_3 和 SiO_2 的含量较高[61]，并且有很多 Na_2O、K_2O 存在。古代胶凝材料产物中含有40%左右（按质量计）的沸石，其溶解度远小于0.05kg/m³，是一种化学稳定性较高的水化产物。化学稳定性高、溶解度小的铝硅酸盐是古代胶凝材料具有卓越耐久性的主要原因。

(2) 地聚合物的命名与发展

人类自古就使用含有天然碱性溶解盐黏土制备陶罐和雕塑。1930年德国Kuhl就用碱测试炼铁高炉矿渣磨细灰加入波特兰水泥是否固化；1934年或更早，高岭土与碱反应就已经用于陶瓷工业。1940年，比利时Purdon用矿渣添加碱制成了快速硬化的新型胶粘剂。1957年，苏联学者使用碎石、锅炉渣或磨细高炉矿渣，或生石灰加高炉矿渣和硅酸盐水泥（或不加）混合后再用NaOH溶液或水玻璃溶液调制净浆，得到强度高达120MPa稳定性好的胶凝材料[62]。1960年苏联开始生产性试验，1964年达到工业化生产。

20世纪70年代，法国的Joseph Davidovits教授研究发现埃及金字塔的"石块"中有方沸石（$Na_2O \cdot Al_2O_3 \cdot 4SiO_2 \cdot 2H_2O$）存在，他认为古代埃及人在建造金字塔时，把石灰石、石灰、能形成沸石的材料（高岭土、粉土等）、天然碳酸钠（$Na_2CO_3 \cdot 10H_2O$）和水浇筑到模具（由木头、石头、土或者砖制成）里，使其发生化学反应，硬化成块体。Joseph Davidovits使用上述材料制备出和金字塔"石块"具有基本一致化学成分的混凝土，其化学组成见表7-1[63]。证明金字塔浇筑学说所进行的试验研究取得的一个成果就是发现了一种新型碱激发胶凝材料。

表7-1 古代金字塔和地聚合物混凝土中氧化物含量　　　　%

化学成分	Cheops 金字塔	Chefern 金字塔	Teti 金字塔	Sneferu 金字塔	地聚合物石灰石混凝土
方解石	94	94～96	92	86	95
SiO_2	3.1	3～5	4.3	9.54	2.46
Al_2O_3	0.50	0.3～0.5	0.82	2.92	0.49
Na_2O	0.18	0.2～0.3	0.18	—	0.15

1979年Joseph Davidovits提出Geopolymer这个术语，来描述地聚合物这种新型的碱激发材料。Geopolymer目前较多地被翻译成地聚合物，也有一些学者使用地质聚合物、土壤聚合物、矿物聚合物、无机聚合物或土聚水泥等术语。

地聚合物（Geopolymer）指采用天然矿物或固体废弃物及人工硅铝化合物为原料，在碱激发剂的作用下，由硅氧四面体与铝氧四面体构成三维网络结构的硬化体。

地聚合物是一种碱激发胶凝材料，但和碱激发矿渣水泥有明显的区别。碱激发矿渣水泥和地聚合物的两种碱激发模型在原材料成分、激发剂浓度和产物上有明显的不同。A. Palomo等学者认为：碱激发矿渣水泥模型激发的原材料中硅和钙元素含量高，激发剂为中或低碱溶液，产物含有C-S-H凝胶。地聚合物激发模型激发的原材料富含硅和铝元素，钙元素含量低，激发剂为高碱溶液，主产物为无定形的碱铝硅酸盐。碱激发矿渣水泥的水化产物为不同聚合度的水化硅酸钙，聚合度为2～10；而地聚合物是一种无机高聚物，具有三维网状结构，其聚合度为 500～1000 或者更高；矿渣由于含有 CaO，不能形成这种三维网状结构。

地聚合物除具有硅酸盐水泥所具有的较高力学性能外，还具有低收缩、低水化热、耐高温、比普通水泥更为优越的耐久性和抗腐蚀性，同时具有原材料丰富、工艺简单、价格低，节约能源等优点。

在众多学者的积极努力下，一些有影响的科研项目得以实施，1994 年 1 月至 1997 年 2 月欧洲委员会基金资助 GEOCISTEM 研究项目，研究开发低成本的地聚合物，并用于有害重金属的固化处理。美国工程兵团立项研究 PYRAMENT 复合水泥，并用于军事工程。美国航空飞行管理委员会资助 GEO-COMPOSITES 项目，研究机舱内防火土聚复合材料。法国地聚合物研究所和美国新泽西州立大学合作进行 GEO-STRUCTURE 项目，主要研究地聚合物用于老化建筑物和地震、飓风损坏的建筑物的修复与加固。GEOASH 项目由欧盟资助，主要进行粉煤灰资源利用研究。在国内，以东南大学孙伟院士为首的学者开展了大量地聚合物研究。正是在各国政府和各种基金资助下，地聚合物研究取得突飞猛进的进展。1988 年、1999 年、2002 年、2005 年共召开 4 次地聚合物国际会议。

（3）地聚合物的应用

地聚合物在汽车、航空工业、有色金属制造厂、冶金学、土木工程、塑料工业、废物管理、艺术装潢、翻新改造等工业领域都有良好的应用。

美国 Lone Star 公司的 R. Heitzmann 和 J. Sawyer 混合波特兰水泥和地聚合物，制得 PYRAMENT 牌复合水泥。到 1993 年秋天为止，共有 50 个工业设施，57 个美国军事设施和 7 个非军事空港使用 PYRAMENT 牌复合水泥混凝土。

从 1986 年开始，法国航空公司 Dassault 航空在 Rafale 战斗机研发中使用地聚合物模具和工具，另外，Northtrop 航空也使用地聚合物复合物模具，用于美军轰炸机的制造。

美国联邦航空局（F. A. A.）把地聚合物复合物技术应用到飞机舱内。基于地聚合物的 GEOPOLY-THERM 技术具有不燃烧性、没有燃烧气体、没有毒性、没有烟雾放出、不放热等特性，并应用在英国海军和美国海军。从 1985 年起，法国和英国核电站装备空气过滤器，其中的连接件和密封件用地聚合物制造，在 500℃时安全。国际汽车大奖赛 1994—1995 年赛季，碳纤维—地聚合物复合材料取代钛金属用在了 F1 赛车在排气装置中，经受了严重的震动和高温（700℃）。当今大部分 F1 赛车车队正在使用地聚合物复合材料。Dan Gurney 车队采用地聚合物复合材料在卡丁车（C. A. R. T.）排气系统上进行了复杂的设计。

在日本和美国，地聚合物复合物用来外包混凝土柱子，以加固新建筑物、损坏的桥梁、地震或飓风中损坏的建筑物。

1998 年，在德国 WISMUT 的污水处理厂使用地聚合物固化处理了 30t 低辐射废物。由于减少了准备、操作、封闭等工作，地聚合物固化的造价和传统水泥造价相近。1977—1985年，B. Talling和J. Osterbacka用地聚合物密封了8000桶蒸馏残渣，蒸馏残渣中含有50%的有机物、无机物和重金属。

7.2 一块一路试验研究

我国基础建设规模的快速增长，为工业固废在水泥混凝土、市政路面材料、墙体材料等建材中的应用提供巨大市场空间，将有力促进工业固废的综合利用。基于此，中原环保鼎盛郑州固废科技有限公司与华北水利水电大学合作签订的固体废弃物制备地聚合物基绿色胶凝材料技术研发项目，在鼎盛公司荥阳生产基地内部修筑一条长300m，宽3m的新型试验路段，该路每3m×3m划分为一块，共划分为100块，使用硅铝质材料经碱激发制备地聚合物基绿色胶凝材料来置换水泥，并通过改变激发剂、工业固废种类及数量不断变换配合比，共制备100种配方应用到该路段，该路的相关试验与修筑，是一种全新的尝试与探索，是将产学研投入实践的良好开端。下文将重点论述对于地聚合物的简单介绍、该路段修筑中的试验研究等。

7.2.1 原材料的检测及预处理

本项目所用原材料如下：

固废：混凝土粉、红砖粉、粒化高炉矿渣粉、Ⅱ级粉煤灰、钢渣粉、硅灰；

各种激发剂：52.5级水泥、脱硫石膏、氢氧化物、石灰、硫酸盐、氯盐、碳酸盐、偏硅酸盐和液体硅酸盐等；

其他原料：P·O42.5级水泥、ISO标准砂、各种试验辅助材料。

(1) 对各种固体废弃物进行烘干

由于脱硫石膏等原材料含水率高，在进行密度和比表面积检测前，对各种固体废弃物进行烘干处理。

(2) 对各种原材料进行检测

根据相关标准对混凝土粉、红砖粉、脱硫石膏、钢渣粉、52.5级水泥、粒化高炉矿渣粉、Ⅱ级粉煤灰、P·O42.5级水泥、硅灰的密度、比表面积和28d活性指数等参数进行检测，结果见表7-2。

表7-2 6种原材料性能指标的检测结果

原材料	混凝土粉	红砖粉	钢渣粉	矿渣粉	粉煤灰	硅灰
密度（g/cm^3）	2.60	2.71	3.39	2.89	2.18	—
比表面积（m^2/kg）	391	365	156	423	337	—
28d活性指数（%）	67.9	73.6	69.3	89.7	78.8	96.1

结论：混凝土粉、红砖粉、钢渣粉、粒化高炉矿渣粉、粉煤灰、硅灰等固体废弃

物粉磨成一定细度,均具有一定的碱激发活性,可用于制备绿色胶凝材料。

(3) 固废粉磨成不同细度,并检测活性指数

利用小型水泥磨(SM-500型),把混凝土粉、红砖粉、钢渣粉等原材料粉磨成4种不同细度并检测了其活性指数(表7-3)。建立了比表面积与活性指数之间的关系(图7-1)。钢渣粉的7d活性指数为64.0%~75.7%,28d活性指数为69.3%~80.3%;红砖粉的7d活性指数为70.2%~77.7%,28d活性指数为70.6%~78.2%;混凝土粉的7d活性指数为64.7%~74.5%,28d活性指数为67.9%~72.7%。因此,钢渣粉、混凝土粉和红砖粉磨细后,活性指数有一定程度地提高。

表7-3 三种原材料活性指数的检测结果

原材料	混凝土粉	红砖粉	钢渣粉
7d 活性指数(%)	64.7~74.5	70.2~77.7	64.0~75.7
28d 活性指数(%)	67.9~72.7	70.6~78.2	69.3~80.3

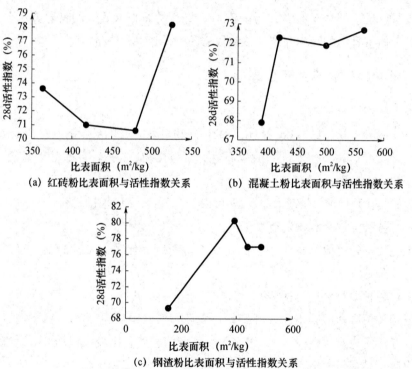

(a) 红砖粉比表面积与活性指数关系
(b) 混凝土粉比表面积与活性指数关系
(c) 钢渣粉比表面积与活性指数关系

图7-1 红砖粉、混凝土粉、钢渣粉比表面积与活性指数之间的关系

7.2.2 绿色胶凝材料配方优化

(1) 激发剂方案

选取60个激发剂组合方案,研究3种胶凝材料在激发剂不同掺量下的胶砂强度,并以强度/价格比为主要指标,优选激发剂方案。

激发剂复合方案如下：（调节不同激发剂掺量，可生成不同激发剂配方。）

① 52.5 级水泥＋脱硫石膏；

② 52.5 级水泥＋碳酸盐；

③ 52.5 级水泥＋硫酸盐；

④ 52.5 级水泥＋氯盐；

⑤ 52.5 级水泥＋偏硅酸盐；

⑥ 52.5 级水泥＋液体硅酸盐；

⑦ 氢氧化物＋脱硫石膏；

⑧ 氢氧化物＋碳酸盐；

⑨ 氢氧化物＋硫酸盐；

⑩ 氢氧化物＋氯盐；

⑪ 氢氧化物＋偏硅酸盐；

⑫ 氢氧化物＋液体硅酸盐。

（2）激发剂优选方案

分别以矿渣-再生微粉基地聚合物、矿渣-粉煤灰基地聚合物、地聚合物-水泥复合作为实验的胶凝材料，分别加入上述 60 种激发剂组合进行大量胶砂试验研究，结合胶砂强度，原材料价格进行配方优选，优选出以下方案进行下一步混凝土试验。

① 矿渣-再生微粉基地聚合物胶凝材料和激发剂方案

试验胶凝材料方案为矿渣和砖粉各占 50%，分别为 225g，ISO 标准砂 1350g，水 225g。激发剂百分比为占矿渣、再生微粉总质量的比例。方案如下：

a. 52.5 级水泥 10%，脱硫石膏 10%；

b. 52.5 级水泥 10%，脱硫石膏 15%；

c. 52.5 级水泥 10%，碳酸盐 3%；

d. 52.5 级水泥 10%，氯盐 3%；

e. 氢氧化物 4%，碳酸盐 2%；

f. 氢氧化物 4%，碳酸盐 1%；

g. 氢氧化物 4%，硫酸盐 0.5%；

h. 氢氧化物 4%，硫酸盐 1%；

i. 氢氧化物 4%，氯盐 0.5%；

j. 氢氧化物 4%，偏硅酸盐 3%。

② 矿渣-粉煤灰基地聚合物胶凝材料和激发剂方案

试验胶凝材料方案为矿渣和粉煤灰各占 50%，分别为 225g，ISO 标准砂 1350g，水 225g。激发剂百分比为占矿渣、粉煤灰总质量的比例。方案如下：

a. 52.5 级水泥 10%，脱硫石膏 10%；

b. 52.5 级水泥 10%，脱硫石膏 15%；

c. 52.5级水泥10%，碳酸盐4%；

d. 52.5级水泥10%，氯盐3%；

e. 52.5级水泥10%，氯盐4%；

f. 氢氧化物4%，碳酸盐1%；

g. 氢氧化物4%，碳酸盐4%；

h. 氢氧化物4%，偏硅酸盐3%。

③ 地聚合物-水泥复合胶凝材料和激发剂方案

试验胶凝材料方案：P•O 42.5级水泥30%，135g，矿渣35%、砖粉35%各157.5g，ISO标准砂1350g，水225g。激发剂百分比为占矿渣、砖粉总质量的比例。

a. 激发剂方案（占矿渣＋砖粉的质量比）：氢氧化物4%，脱硫石膏12.5%；

b. 激发剂方案（占矿渣＋砖粉的质量比）：氢氧化物4%，脱硫石膏15%。

试验胶凝材料方案：P•O 42.5级水泥50%，225g，矿渣25%、砖粉25%各122.5g，ISO标准砂1350g，水225g。

a. 激发剂方案（占矿渣＋砖粉的质量比）：氢氧化物4%，脱硫石膏12.5%；

b. 激发剂方案（占矿渣＋砖粉的质量比）：氢氧化物4%，脱硫石膏15%；

c. 激发剂方案（占矿渣＋砖粉的质量比）：氢氧化物4%，硫酸盐1%；

d. 激发剂方案（占矿渣＋砖粉的质量比）：氢氧化物4%，氯盐1%。

试验胶凝材料方案：P•O 42.5级水泥50%，225g，矿渣25%、粉煤灰25%各122.5g，ISO标准砂1350g，水225g。

a. 激发剂方案（占矿渣＋粉煤灰的质量比）：氢氧化物4%，脱硫石膏5%；

b. 激发剂方案（占矿渣＋粉煤灰的质量比）：氢氧化物4%，脱硫石膏15%；

c. 激发剂方案（占矿渣＋粉煤灰的质量比）：氢氧化物4%，硫酸盐3%；

d. 激发剂方案（占矿渣＋粉煤灰的质量比）：氢氧化物4%，氯盐2%。

胶凝材料方案：P•O 42.5级水泥30%，135g，矿渣35%、粉煤灰35%各157.5g，ISO标准砂1350g，水225g。

激发剂方案（占矿渣＋粉煤灰的质量比）：氢氧化物4%，脱硫石膏15%

7.2.3 混凝土试验

(1) 混凝土室内试验研究

在胶砂试验激发剂优化结果的基础上，进行混凝土配合比设计和混凝土成型试验，测试了混凝土坍落度、7d和28d抗压强度。并计算了胶凝材料（含激发剂）的单价，在此基础上进行性价比分析。性价比为28d抗压强度与胶凝材料的价格之比。用到的原材料价格如下：工业硫酸盐500元/吨，工业碳酸盐1500元/吨，工业偏硅酸盐2000元/吨，工业氯盐900元/吨，工业氢氧化物1800元/吨，脱硫石膏50元/吨，矿渣粉300元/吨，粉煤灰150元/吨，液体硅酸盐1500元/吨，P•O42.5级水泥450元/吨，

52.5 水泥 600 元/吨。具体试验过程如图 7-2 所示。

(a) 坍落度试验　　(b) 静停表面密封

(c) 养护室养护　　(d) 强度测试

图 7-2　混凝土试验过程

表 7-4 为矿渣-再生微粉基地聚合物绿色胶凝材料成本与混凝土性能。由表 7-4 可知，胶凝材料价格为 240~307 元/吨之间，比 P·O42.5 水泥价格（以 450 元/吨计）有大幅度降低，最大降低率可达 46.7%；28d 抗压强度 18.6~27.0MPa，性价比为 0.148~0.223MPa/元。在矿渣 50%＋红砖粉 50%条件下，较优的激发剂方案为①52.5 级水泥 10%＋脱硫石膏 15%；②氢氧化物 4%＋碳酸盐 1%；③氢氧化物 4%＋硫酸盐 1%。

表 7-4　矿渣-再生微粉基地聚合物绿色胶凝材料成本与混凝土性能

序号	激发剂配方	胶凝材料价格（元/吨）	坍落度（mm）	7d 抗压强度（MPa）	28d 抗压强度（MPa）	性价比（MPa/元）
1	52.5 级水泥 10%＋脱硫石膏 10%	240	55	17.4	22.7	0.197
2	52.5 级水泥 10%＋脱硫石膏 15%	243	54	20.6	26.0	0.223
3	52.5 级水泥 10%＋碳酸盐 3%	280	54	13.9	25.2	0.188
4	52.5 级水泥 10%＋氯盐 3%	262	55	16.2	18.6	0.148

续表

序号	激发剂配方	胶凝材料价格（元/吨）	坍落度（mm）	7d抗压强度（MPa）	28d抗压强度（MPa）	性价比（MPa/元）
5	氢氧化物4%＋碳酸盐2%	277	52	24.0	25.8	0.194
6	氢氧化物4%＋碳酸盐1%	262	53	19.9	27.0	0.215
7	氢氧化物4%＋硫酸盐0.5%	250	54	17.6	22.3	0.186
8	氢氧化物4%＋硫酸盐1%	252	55	20.2	26.4	0.218
9	氢氧化物4%＋氯盐0.5%	252	50	18.1	22.6	0.187
10	氢氧化物4%＋偏硅酸盐3%	307	55	20.4	25.0	0.170

表7-5为矿渣-粉煤灰基地聚合物绿色胶凝材料成本与混凝土性能。由表7-5可知，胶凝材料价格为290~357元/吨，显著低于目前P·O42.5级水泥市场价；28d抗压强度为22.2~33.0MPa，性价比为0.159~0.209MPa/元。在矿渣50%＋粉煤灰50%条件下，较优的激发剂方案为：①氢氧化物4%＋碳酸盐1%；②氢氧化物4%＋碳酸盐4%。

表7-5 矿渣-粉煤灰基地聚合物绿色胶凝材料成本与混凝土性能

序号	激发剂配方	胶凝材料价格（元/吨）	坍落度（mm）	7d抗压强度（MPa）	28d抗压强度（MPa）	性价比（MPa/元）
1	52.5级水泥10%＋脱硫石膏10%	290	53	17.1	22.2	0.159
2	52.5级水泥10%＋脱硫石膏15%	293	50	21.2	26.2	0.187
3	52.5级水泥10%＋碳酸盐4%	345	40	22.1	25.8	0.156
4	52.5级水泥10%＋氯盐3%	312	51	14.3	23.5	0.157
5	52.5级水泥10%＋氯盐4%	321	55	14.4	27.8	0.180
6	氢氧化物4%＋碳酸盐1%	312	55	22.4	31.3	0.209
7	氢氧化物4%＋碳酸盐4%	342	52	24.8	33.0	0.201
8	氢氧化物4%＋偏硅酸盐3%	357	50	21.6	28.4	0.166

(2) 泛霜试验

泛霜现象是指试块养护过程中水分向外部扩散，可溶性盐随之向外移动，水分消失后盐聚集在试块的表面呈白色，称为霜，泛霜现象的存在会对试件耐久性产生不利的影响。根据《砌墙砖试验方法》(GB/T 2542—2012)的规定，对泛霜程度划分如下：

无泛霜：试样表面的盐析几乎看不到；

轻微泛霜：试样表面出现一层细小明显的霜膜，但试样表面仍清晰；

中等泛霜：试样部分表面或棱角出现明显霜层；

严重泛霜：试样表面出现起砖粉、掉屑及脱皮现象。

将上述优化后的混凝土试件进行泛霜试验分析。试件烘干前后外观如图 7-3 所示。

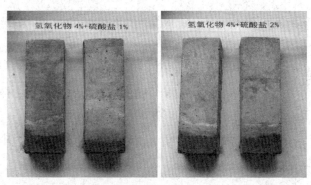

(a) 烘干前

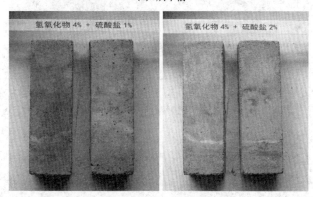

(b) 烘干后

图 7-3　泛霜试验试件外观

结合相关数据分析，泛霜试验后试件强度并未有较大程度的下降，试件性能良好。

7.2.4　项目成果支持"一块一路"建设

(1) 方案设计与原材料统计

根据前期大量试验研究，将前期性价比较高，性能优良的胶凝材料配方应用于实际生产。"一路"包括 $700m^2$ 承重路面和 $200m^2$ 非承重路面，厚度暂按 200mm 计算，混凝土总方量为 $180m^3$。计划使用矿渣-粉煤灰地聚合物的混凝土占 50%，使用矿渣-再生微粉地聚合物的混凝土占30%，使用地聚合物-水泥复合胶凝材料的混凝土占20%。建设所用原材料用量、规格型号、技术要求见表7-6～表7-8。

表7-6 胶凝材料和激发剂推荐方案

混凝土种类	胶凝材料方案	激发剂配方	
		碱性物质	盐
矿渣-粉煤灰地聚合物混凝土	矿渣粉50%＋粉煤灰50%	P·Ⅰ52.5级水泥10%	碳酸钠（2%、3%、4%）、硫酸钠（0.5%、1%、2%、3%）、氯化钙（0.5%、1%、2%、3%、4%）、脱硫石膏（10%、12.5%），共14种
		氢氧化钠4%	碳酸钠（0.5%、1%、2%、3%、4%）、硫酸钠（0.5%、1%、2%、3%、4%）、氯化钙（0.5%、1%、2%）、偏硅酸钠（0.5%、3%），共15种
	矿渣粉55%＋粉煤灰45%	P·Ⅰ52.5级水泥10%	脱硫石膏（10%）、氯化钙（2%、3%），共3种
		氢氧化钠4%	碳酸钠（0.5%、1%、2%）、硫酸钠（0.5%、1%）、偏硅酸钠（0.5%、3%），共7种
	矿渣粉60%＋粉煤灰40%	P·Ⅰ52.5级水泥10%	碳酸钠（2%、3%、4%）、硫酸钠（0.5%、1%、2%、3%）、氯化钙（0.5%、1%、2%、3%、4%）、脱硫石膏（10%、12.5%），共14种
		氢氧化钠4%	碳酸钠（0.5%、1%、2%、3%、4%）、硫酸钠（0.5%、1%、2%、3%、4%）、氯化钙（0.5%、1%、2%），共13种
地聚合物（矿渣＋粉煤灰）-水泥复合胶凝材料的混凝土	P·O42.5级水泥30%＋矿渣粉40%＋粉煤灰30%	氢氧化钠4%	脱硫石膏（5%、10%），共2种
	P·O42.5级水泥40%＋矿渣粉30%＋粉煤灰30%	氢氧化钠4%	脱硫石膏（5%、7.5%、10%）、硫酸钠（1%、2%、3%、4%）、氯化钙（0.5%、1%、2%、3%），共11种
	P·O42.5级水泥50%＋矿渣粉25%＋粉煤灰25%	氢氧化钠4%	脱硫石膏（5%、7.5%、10%）、硫酸钠（1%、2%、3%、4%）、氯化钙（0.5%、1%、2%、3%），共11种

续表

混凝土种类	胶凝材料方案	激发剂配方	
		碱性物质	盐
矿渣-再生微粉基地聚合物混凝土	矿渣粉50%＋再生微粉50%	52.5P·Ⅰ水泥10%	脱硫石膏（10%）、碳酸钠（3%）、氯化钙（3%），共3种
		氢氧化钠4%	碳酸钠（0.5%、1%、2%、3%）、硫酸钠（1%）、氯化钙（0.5%），共6种

表7-7 地聚合物种类和混凝土生产量

混凝土种类	方案数量（个）	每方案生产量（m³）	混凝土总量（m³）
矿渣-粉煤灰地聚合物混凝土	66	1.8	118.8
地聚合物（矿渣＋粉煤灰）-水泥复合胶凝材料的混凝土	25	1.8	45
矿渣-再生微粉基地聚合物混凝土	9	1.8	16.2

表7-8 主要原材料估算数量、规格型号及技术要求

序号	原材料名称	规格型号及技术要求	数量（t）
1	粒化高炉矿渣粉	S95级，符合《用于水泥、砂浆和混凝土中的粒化高炉矿渣粉》（GB/T 18046—2017）	33.5
2	粉煤灰	F类Ⅱ级，符合《用于水泥和混凝土中的粉煤灰》（GB/T 1596—2017）	26.5
3	P·O42.5级普通硅酸盐水泥	符合《通用硅酸盐水泥》（GB 175—2007）	8.0
4	再生微粉	自制，比表面积≥400m²/kg，活性指数≥65%	2.3
5	天然砂（或机制砂）	Ⅱ类中砂，符合《建设用砂》（GB/T 14684—2011），含泥量务必≤3.0%，泥块含量务必≤1.0%	75.0
6	碎石	Ⅱ类，5～31.5mm或5～25mm，符合《建筑用卵石、碎石》（GB/T 14685—2011），含泥量务必≤1.0%，泥块含量务必≤0.2%	160.0
7	P·Ⅰ52.5级硅酸盐水泥	符合《通用硅酸盐水泥》（GB 175—2007）	2.5
8	氢氧化钠	固体，NaOH含量≥96%，满足《工业用氢氧化钠》（GB 209—2018）	1.6
9	无水硫酸钠	一等品，Na_2SO_4含量≥98.0%，满足《工业无水硫酸钠》（GB/T 6009—2014）	0.40
10	碳酸钠	Na_2CO_3含量≥98.8%，Ⅱ类一等品，满足《工业碳酸钠及其试验方法 第1部分：工业碳酸钠》（GB 210.1—2004）	0.37
11	无水氯化钙	Ⅰ型，氯化钙含量≥94%，满足《工业氯化钙》（GB/T 26520—2011）	0.32
12	五水偏硅酸钠	一等品，满足《工业偏硅酸钠》（HG/T 2568—2008）	0.60
13	脱硫石膏	自制，烘干并磨细，比表面积≥400m²/kg	0.80

（2）现场浇筑混凝土

将前文中性能优异的混凝土配方用于试验路段的浇筑，为保证搅拌的均匀性，使用 JW750 型强制搅拌机进行混凝土的搅拌，每 3m 为一段，每段一个配比，按配比称料，先干拌后湿拌。搅拌后取样，测试混凝土坍落度，留样测定强度，及时浇筑、抹面，浇筑过程中用插入式振捣器将所拌混凝土振捣均匀。浇筑完成后及时覆盖保鲜膜，并在最上层加盖草袋、塑料布等，防止水分蒸发过快出现泛霜现象。实际浇筑过程如图 7-4 所示。

(a) 摊铺、振捣　　　　　　　(b) 抹面

(c) 覆膜　　　　　　　　　　(d) 养护

图 7-4　"一块一路"混凝土浇筑过程

7.3 典型工程实例介绍

7.3.1 西藏邦达机场

(1) 工程概况及特点

邦达机场位于西藏昌都地区，跑道长 5500m，宽 45m，飞行区等级 4D，海拔 4334m，是世界上跑道最长、海拔高度第二的军民合用机场。该地区自然环境异常恶劣，紫外线辐射强烈，干旱少雨。机场历经 20 余年的使用，道面破损严重，尤其是冻融造成的大面积脱皮、空洞、断裂、冻胀、错台、掉边掉角等病害，已严重影响飞行安全。

该地区空气稀薄，密度仅为海平面密度的 50%，机械功率及人工工效下降幅度大。施工期间白天最高温度 20℃左右，晚上最低 5℃左右，阵风最大风速可达 30m/s 以上。主要材料和施工设备组织困难，又正值川藏线改建，内地运往工地的材料和设备转场最少需要 7d 才能到达。

(2) 应用情况

采用地聚合物混凝土对跑道全长进行修复，修复总面积 18.9 万平方米，胶凝材料选定为Ⅰ型 4.0 级。

修补前首先凿除旧道面破损处，并将松散部分清除干净，保持修补面干燥。

采用抢修一体化施工车浇筑混凝土，如图 7-5 所示。因施工期间平均气温偏低，早晚温差大，地聚合物混凝土早期强度增长缓慢，极易出现开裂和脱落等病害。通过现场调整胶凝材料用量和水胶比，以及喷洒养护剂、覆盖塑料布和无纺布，采用大功率电热被加热等方式，对混凝土进行保温、升温，有效地提高了低温条件下早期强度的增长速率。施工配合比见表 7-9。

图 7-5 一体化施工作业

表 7-9　邦达机场抢修混凝土施工配合比

胶凝材料Ⅰ型4.0级 (kg/m³)	水洗砂 (kg/m³)	大小石 5~40mm (kg/m³)	水 (kg/m³)	水胶比
480	560	1250	160	0.33

(3) 应用评价

经检测，地聚合物混凝土 4h 抗折强度达到 4.0MPa 以上，1d 的强度达到 6.0MPa 以上，符合《军用机场无机聚合物混凝土道面施工及验收规范》(GJB 8230—2014) 相关规定。

利用该材料抢修的机场道面凝结时间快，强度高，与老道面粘结性好，无错台，外观良好。修补后的道面 4h 即可保证飞机起降使用，如图 7-6 所示。

该材料适用于高海拔地区机场道面抢修工程，满足高原高寒地区机场道面使用要求。

本工程采用了最新研制的抢修一体化施工车，大大节省了人力和机械设备的投入，提高了施工效率，工期提前了 19d。

图 7-6　修补后的机场道面

7.3.2　西藏日喀则机场

(1) 工程概况及特点

日喀则机场地处西藏高原地区，因年久失修，道面冻融、破损、塌陷、断板等病害普遍，已严重影响机场正常使用。

原设计采用高强度等级水泥混凝土进行修复，计划工期 30d，任务难以完成。为了加快修复进度，经反复论证，报请工程建设指挥部、设计单位、监理单位同意，整个道面修补全部采用地聚合物混凝土新型抢修材料。

(2) 应用情况

为降低工程成本，采用当地矿粉和砂石骨料，现场配制液态激发剂，通过大量试验和多方案比选、配方优化，配制出抢修混凝土，其配合比见表 7-10。

表7-10 日喀则机场抢修混凝土施工配合比

矿粉（kg/m³）	激发剂（kg/m³）	水洗砂（kg/m³）	大石20~40mm（kg/m³）	小石5~20mm（kg/m³）	溶胶比
470	276	560	723	592	0.59

抢修混凝土坍落度为120~160mm，采用JS1500强制式混凝土搅拌机拌制，用插入式振动棒振捣密实，抹面成型后喷洒混凝土养护剂养护。

（3）应用评价

地聚合物混凝土具有早强、快凝、施工方便、粘结力强等特点，适合高原机场大面积抢修。经检测，地聚合物混凝土4h抗折强度达到了3.2MPa，1d抗折强度达到5.1MPa，且无开裂脱落现象，满足设计28d抗折强度4.5MPa的要求。

采用地聚合物混凝土修补道面不但各项指标均满足设计要求，而且施工速度快，仅用了20d即完成了34.6万平方米的修补任务，工期提前10d，比原设计方案节省经费200余万元。

7.3.3 新疆某直升机机场

（1）工程概况及特点

新疆某直升机机场地处中温带大陆干旱气候区，温差大，寒暑变化剧烈，冬季寒冷，最低温度可达-35℃。施工期间白天平均气温7℃左右，晚间最低温度为-2℃左右，属于超低温施工。

计划工期15d，需完成旧道面抢修6000m²，道面抢建200m²（厚度25cm）。设计指标28d抗折强度5.0MPa，抗冻融≥F300。

（2）应用情况

机场道面抢修抢建工程均采用地聚合物混凝土。采用乌鲁木齐八一钢铁厂生产的S95矿粉，现场配制液态激发剂，采用与水泥混凝土相同的骨料。针对低温施工特点，通过大量室内试验和现场试验，配制出符合设计指标的抢修、抢建地聚合物混凝土，其配合比见表7-11、表7-12。

表7-11 新疆某直升机机场抢修混凝土施工配合比

矿粉（kg/m³）	激发剂（kg/m³）	水洗砂（kg/m³）	大石20~40mm（kg/m³）	小石5~20mm（kg/m³）	溶胶比
400	201	614	567	693	0.50

表7-12 新疆某直升机机场抢修混凝土施工配合比

矿粉（kg/m³）	激发剂（kg/m³）	水洗砂（kg/m³）	大石20~40mm（kg/m³）	小石5~20mm（kg/m³）	溶胶比
399	192	615	567	693	0.48

混凝土采用JS1500搅拌机拌制，抢修采用插入式振动棒振捣。因气候干燥，抹面结束覆盖塑料薄膜加土工布养护1d。抢建混凝土采用联合振动器振捣，覆盖塑料布加无纺布养护4d。

为克服低温环境对混凝土强度增长带来的不利因素，采取如下辅助措施：

① 搅拌站设置时尽量缩短混合料运距，搅拌站应搭设暖棚或采取其他挡风保温设施。

② 应将水加热后搅拌，根据情况，砂石料可同时加热。混合料不超过35℃；水不超过60℃；砂石不超过40℃，胶凝材料不允许加热。搅拌时间应比正常气温条件下的搅拌时间延长50%。

③ 养护时必须采取保温、升温养护措施。蒸气养护温度宜控制在60℃以下。电加热养护步骤：先用一层塑料布覆盖，再铺一层与板面同宽的电热被，其上盖一层塑料布，最后电热被通电加热，保持混凝土板不低于10℃。

(3) 应用评价

通过调整激发剂配方，改进养护方式，采用蒸汽养护和大功率电热被加热等简便工艺，有效提高了地聚合物混凝土早期强度增长速率。实践表明，该混凝土不仅能够在常温条件下施工，而且可以在10℃以下，甚至0℃以下施工，拓宽了其适应性。

经检测，在低温条件下，辅以保温、辅助加热升温等措施，抢修4h抗折强度达到3.1MPa以上，1d抗折强度达到5.3MPa以上；抢建7d抗折强度达到5.5MPa以上，28d抗折强度达到6.5MPa以上，抗冻融循环达到320次以上。

低温或负温施工主要针对特殊用途的抢修抢建工程，成本会有一定程度的提高。

7.3.4 乌鲁木齐地窝堡国际机场

(1) 工程概况及特点

乌鲁木齐地窝堡国际机场地处西北边陲，干旱少雨，蒸发量大，风多且风力大。除气候恶劣导致道面冻融破坏外，机场冬天除雪，喷洒大量除冰液也加剧了道面的损坏，其老滑行道、老站坪的道面断板、掉边掉角、脱皮等现象尤为严重，严重影响了机场正常使用和飞行安全。

新疆机场建设集团决定对老滑行道、老站坪在不停航条件下实行快速修复，抢修面积41000m^2。该项目分布片区多，且施工期正值乌鲁木齐机场运行的高峰，对施工干扰大，许多区域必须停航后在夜间施工，施工组织困难，安全压力极大。

计划工期20d，时间紧，且正值高温酷暑季节，地表最高温度可达50℃，对施工极为不利。

(2) 应用情况

针对工程特点，采用地聚合物混凝土新型抢修材料进行施工，标准化生产的胶凝材料（粉剂）与骨料配制了道面抢修混凝土，胶凝材料为Ⅰ型4.0级，其配合比见表7-13。

表 7-13 乌鲁木齐机场抢修混凝土施工配合比

胶凝材料 (kg/m³)	水 (kg/m³)	水洗砂 (kg/m³)	大石 20~40mm (kg/m³)	小石 5~20mm (kg/m³)	水胶比
450	163	570	684	631	0.36

对于薄层和小孔洞采用无机聚合物混凝土快硬砂浆进行了修补。

通过调整混凝土配合比和胶凝材料用量，对凝结时间进行有效控制，减少了高温造成混凝土反应速率过快的不利影响，现场抢修施工如图 7-7 所示。

图 7-7 抢修道路施工

（3）应用评价

抢修混凝土的强度、工作性等主要指标均满足高温条件下机场道面大面积抢修的要求，经质检部门检测，各项指标均达到设计要求。通过跟踪观察，道面板未出现贯通性裂缝，新老道面结合处未出现开裂现象。

7.3.5 新疆武警直升机机场

（1）工程概况及特点

武警总部要求对新疆武警直升机场进行紧急扩建，在 28d 内必须完成两个起降坪的抢建（面积 1250m²、厚度 25cm）和原跑道道面的抢修（面积 16000m²）。

该地区昼夜温差大，施工期间最高温度 32℃，夜间最低温度 15℃，且气候干燥，很容易导致混凝土断板、开裂等现象的发生。

起降坪基础为级配砂砾石，承载力较水泥稳定砂砾石低，对混凝土面层的强度要求高。

要求在不影响正常飞行训练的情况下完成，施工难度大。

（2）应用情况

经过多方案比选，决定采用地聚合物混凝土进行抢修抢建。依据设计要求，配制出了抢修混凝土和抢建混凝土，其基本特性及配合比分别见表7-14、表7-15。

表7-14 抢修混凝土原材料、配合比及其特性

	材料	配合比	特性
原材料	胶凝材料（kg/m³）	450	Ⅱ型6.5级，胶砂7d抗折强度≥7.0MPa
	水（L/m³）	158	生活用水
	细骨料（kg/m³）	650	水洗砂，细度模数3.2，含泥量≤2.0%
	小石（kg/m³）	590	10cm以上卵石破碎
	大石（kg/m³）	710	10cm以上卵石破碎
	水胶比	0.35	—
设计指标		新拌混凝土现场检测混凝土的特性	
28d抗折强度（MPa）		5.0	
坍落度（cm）		12~16	
现场混凝土7d抗折强度（MPa）		6.0	
堆积密度（kg/m³）		2558	
现场混凝土的pH值		10.5	
抗冻融循环≥F300		≥F320	
肉眼观察结果		无可观察到的开裂、剥落和其他缺陷	

表7-15 抢修混凝土施工配合比

胶凝材料（kg/m³）	水（kg/m³）	水洗砂（kg/m³）	粗骨料5~40mm（kg/m³）	水胶比
450	158	570	1315	0.36

为保证混凝土施工质量，加快进度，在施工中采取如下措施：

① 采用电子计量、全自动控制的强制式混凝土搅拌站。先干拌后湿拌，搅拌时间不少于90s。

② 每罐投料允许偏差。胶凝材料为±0.5%，砂、石料均为±3%，水为±1%。

③ 采用小型翻斗车运输混凝土，每车不宜超过3罐以缩短等待时间，减少坍落度损失。

④ 抢建混凝土混合料摊铺采用小型挖掘机，以提高摊铺速率、节省人力，如图7-8所示。

⑤ 抢建混凝土抹面后覆盖塑料布和无纺布，洒水养护，养护时间不少于3d。

⑥ 根据不同的施工温度，切缝时间适当进行调整。由于夜间温度低，强度增长缓慢，切缝时间宜控制在18h左右。

⑦ 抢修混凝土采用一体化施工设备进行施工，采用喷膜养护。

(3) 应用评价

地聚合物混凝土新型抢修抢建材料综合性能优异，施工技术先进，起降坪抢建3d、抢修4h后，直升机便可起降，如图7-9所示。经检测和综合评定，抢建混凝土7d抗折

强度达 6.0MPa 以上，抗冻融循环≥F300；抢修混凝土 4h 抗折强度达 3.3MPa 以上，且表面观感度良好，质量优良，满足直升机使用要求。

地聚合物混凝土新型抢修抢建材料具有早强、快硬、施工方便等优点，仅用 10d 就圆满完成任务，大大提高了机场道面应急抢修抢建的施工技术水平。

图 7-8 挖掘机摊铺混凝土

图 7-9 道路抢修 4h 后直升机起飞

8 海内外新产品与新技术

8.1 湿法成型路面板

8.1.1 一种湿法成型的仿石抛光路面板

用不规则的石板来铺设园林小径，不但中国人喜欢，外国人也喜欢。在德国纽伦堡2018GALAUBA展会（2018德国园艺景观博览会）上，展示了一种湿法工艺成型的仿石路面板（图8-1），它就是用混凝土路面板获取不规则石板的铺装效果。这里所讲的"湿法"是根据新拌混凝土工作性能，与混凝土砌块（砖）生产过程所使用的新拌混凝土对比而言，人为进行划分，并不十分科学、合理。实际上，欧美等发达国家目前在该类产品成型时，新拌混凝土的实际水灰比（W/C）并不大，一般都不会超过0.35；新拌混凝土的流动工作性主要源自掺入外加剂带来的改善和提高。采用低水灰比，是提高制品的致密性、强度和耐久性的需要[64]。

图8-1 湿法成型仿石路面板

湿法成型的仿石路面板，通过底模纹理形成的不规则凹凸石板铺设，养护后再对凸面进行磨光，使凸面变成"不规则的天然石材板"效果；凹面则相当于铺设时的水泥砂浆缝。每一个小区域的凹凸效果，必须精心设计，这才能有不规则的效果。

这种湿法成型的仿石抛光路面砖，它的规格尺寸越大，铺设效果越逼真。可能

600mm×600mm 是它的最小尺寸。

8.1.2 解决湿法压制混凝土面板的养护变形问题

位于荷兰海尔德兰省德吕滕市 Excluton 公司，是荷兰园林景观用混凝土产品的最大制造商。为满足市场需求，该公司一共有 8 条不同规模和生产工艺的混凝土路面板（砖、砌块）产品生产线在运行。其中有一个车间有 2012 年安装的转盘式压机湿法压制混凝土面板生产线，专门生产 Excluton's Mondo-X 大规格路面板和墙面装饰板（图 8-2），并在生产线"干端"区域配套有一条在线装饰深加工线。该车间最大可生产幅面 100cm×100cm 的板材，质量非常高，但在生产线试运行初期，存在压制板坯养护过程变形问题。为解决这个问题进行了多方面的尝试，最终采用 Cure Tec 的混凝土养护系统进行了补救。

图 8-2　Excluton 公司的 X 系列大块型混凝土面板材展品

这种湿法压制成型的大块型混凝土面板坯，最初出现一种所谓的"表面凹陷"变形趋势。即面板从外边缘向上凸起。原因是板面四周不均匀失水造成的。当板坯的四周底面过早与空气接触，还会造成面板表面出现色差。

(1) 借助试验模拟装置实现目标

为寻找出湿法压制大块型薄形面板坯体的合适养护工艺制度，首先 Cure Tec 公司在其模拟试验养护箱体内，采用不同养护工艺参数，对刚压制成型的大板湿坯进行养护试验。经过大量试验，该公司找到了一种适合的方法，能使薄湿法压制面板坯在养护后满足高质量要求。之后在生产线现有养护室位置，安装这种设备。Excluton 公司委托 Cure Tec 安装一套 All Cure 混凝土养护系统，Cure Tec 公司在收到订单后立即开始安装。

(2) Cure Tec All Cure

混凝土制品养护系统适用于温度 50℃、相对湿度最大 90% 的独立养护室中，对混凝土产品进行养护。按照客户的要求：整个养护室空间内的温湿度都应尽量恒定，无论面板坯体放置养护窑的前面、后面、上面还是下面，其养护环境都应相同。

通过调整养护窑的空气出口位置和窑内空气流的速度，来实现温度和相对湿度的恒定。从养护窑内抽出的气流在外部经不锈钢换热器被加热，加热后再被吹回窑内。另外，为保持生产区域的干燥，养护完成后要把窑内湿空气抽出，如图8-3所示。

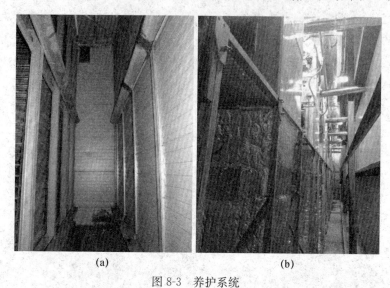

图8-3 养护系统

(a) 通过调整空气出口位置和窑内空气流动速度，来实现温度和相对湿度的恒定；
(b) 窑内空气抽出、并在外部不锈钢换热器中被加热

湿度控制，通过加入由高压加湿系统产生的雾化水汽来控制。用带组合传感器的测量系统，来获取养护窑内的温度和湿度值，并将这些信息传递给生产车间的中控系统；将收集到的数据与设定值，在控制系统内进行比较，并将温、湿度相应地调整至设定值。

可以为8个窑室分别设定不同的温度和湿度控制值，即每个养护窑室都可以独立控制。当监测到养护窑内空气介质的湿度太高时，要将外部干燥空气送入窑室，与潮湿空气进行混合；干、湿空气的混合，将会降低窑内空气湿度值。

所有用于All Cure混凝土养护系统的部件，都采用具有抗腐蚀性的高等级材料制成。Excluton公司采用养护系统，是8个带卷帘门的保温双室结构，如图8-4所示，每个窑室内安装一个75kW热空气加热模块来提供热源；此外，每个窑室都可以通过喷雾装置来增加空气中的湿度。如前所述，每个窑室内的温度和湿度，都可以相互独立加以控制。

Excluton公司采取的进一步优化措施中，还包括更换了存放新鲜混凝土板坯的养护托板。用镀锌钢管格构托架，如图8-5所示，取代原采用带镀锌金属面板的托架，使混凝土板坯两面都直接与空气接触，更均匀地养护。

自从2014年Cure Tec混凝土制品养护系统在Ex-cluton公司投入使用以来，生产Mondo-X型面板时再也没有出现过明显的废品。因此，可以基本解决生产线最初存在的大块型板坯在养护过程中变形的问题，生产时也可不受天气季节的影响。

8 海内外新产品与新技术

图 8-4　Excluton 公司养护窑由 8 个带有绝缘保温卷帘门的双室组成

图 8-5　镀锌钢管格构式托架

该生产线采用的转盘式压机运行速度快，一次压制两块 60cm×60cm 面板坯的成型加压周期为 13s 左右。当生产线全天三班运行时（实际生产时间约为 22h），一天可生产大约 9000 块面坯放入养护窑，进行受控条件下的养护，再出窑、卸在"干端"线上进行装饰面深加工处理。

Excluton 公司在总结该条生产线的投资效益时，认为对增加 Cure Tec 养护系统的投资是正确的。Mondo-X 大块型面板生产经理表示："自从 All Cure 混凝土养护系统投入使用后，生产上再也没有遇到过什么大问题。Cure Tec 公司提供了良好的配套服务，帮助解决了这些年来出现的一些小问题。采用湿法转盘式压机成型的大规格混凝土面板，均质性非常好，才能在养护后无损耗地把面板坯输送到后续的深加工生产线上。"

8.2　新型透水气候路面板

丹麦哥本哈根市 Nrrebro 大街的人行道铺设了一段仅 50m 的路面板，如图 8-6 所示。它是哥本哈根一家建筑公司在 Realdania 基金会资助下参与的一项可持续发展计划项目，项目研发出一款可铺设在人行道上的新型透水气候路面板（the Climate Tile）。

图 8-6 新型透水路面板

该种路面板最大的特点是上面带一些贯穿的小通孔（water banks）。它起到两个作用：下雨时地表水部分能顺小孔渗入路基，供人行道植物生长用；天晴时，富含水分的地基中，湿气会通过小孔蒸发进入地表空气，可大大降低城市硬化路面的"热岛效应"。因此，给它起一个特殊的名字——透水气候路面板。

试点工程得到哥本哈根市政管理者的支持，在这 50m 长的试验段上，路面板下方还同时植入整套雨水收集、存储、渗透系统，并不是仅仅有路面的透水气路面板。

8.3 可镶嵌"花"的混凝土路面板

随着人们对美好生活要求的提升，彩色混凝土路面砖（板）路面虽然已经能满足道路设计师对色彩的追求，但仍然会有一些无法满足设计师美学追求的缺憾存在。

韩国某企业专门设计开发出一种能在顶面"镶嵌"花色的混凝土路面砖（板），（见图 8-7）。原理并不复杂，就是利用混凝土砌块成型机的上压板，在路面砖（板）的顶面（表面）形成一个与镶嵌花面积基本相同的凹槽；用于打入膨胀螺栓的孔洞，则设计成通孔，通过模具来实现。待路面砖（板）坯体养护、强度达到要求后，人工将耐磨和强度都满足要求的镶嵌花块，用膨胀螺栓固定在路面砖（板）上（图 8-8）；也可以在路面砖（板）铺设现场，进行镶嵌花块的安装。

图 8-7 表面可镶嵌混凝土路面砖

图 8-8 路面砖原砖、镶嵌花、膨胀螺栓

这种表面可镶嵌式的混凝土路面砖（板），不但可以单独铺设路面，也可以作为点缀块用于路面砖（板）路面。当然，几种不同镶嵌花规格的路面砖（板）也可混合搭配铺设于路面。

8.4 勿以"缝"小而不为——预埋装配式伸缩缝

桥梁伸缩缝源于德国毛勒，百年传承，进入中国后发展成为模数式伸缩缝，后又在"桥都"武汉研发诞生梳齿板伸缩缝，与模数式伸缩缝构成我国伸缩缝两大技术产品种类。

伸缩缝在桥梁结构中直接承受车轮荷载的反复冲击作用，而且长期暴露在空气中，使用环境比较恶劣，是桥梁结构最易受到破坏而又较难修补的部位。伸缩缝在设计、施工上稍有缺陷或不足就会引起其早期损坏，这不仅直接使通行者感到不舒适，缺乏安全感，有时甚至还会影响桥梁结构的正常使用，桥梁养护管理部门不得不进行早期维修甚至提前更换，造成不同程度的经济损失和不良的社会影响。

传统后嵌法安装伸缩缝，首先要用碎石砂袋木板搭建临时伸缩缝，路面铺油完成后再反开挖掏渣清运，费时费工，工期和质量都难以保证。

无论是模数式还是梳齿板式，伸缩缝的施工安装工艺百年来并没有实质性变化。安装伸缩缝时，首先凿除、清运、处理槽口内所有建筑垃圾。再修饰预处理伸缩缝槽口对结构深度、宽度、梁端缝隙、标高、坡度，使之达到设计要求，最后是逐步安装桥面伸缩装置组件。

传统安装方法存在不足之处是，每次铺装在伸缩缝处的两层沥青及临时伸缩缝，都需要进行切割并凿除清运，耗用大量资源，对环境不友好，需要大量人力、物力和运力；裸露的伸缩缝槽口对桥面交叉施工存在一定的安全隐患；在伸缩缝安装、养护过程存在单幅整体交通中断，影响项目工期及整体工程效益。

此外，传统梳齿板桥梁伸缩装置采用螺栓锚固的方法，先预埋螺杆，螺母裸露在伸缩面板路面，伸缩面板的沉孔深度只有15～20mm，螺母咬丝距离只有12～17mm，伸缩面板在荷载的反复冲击下，螺栓容易疲劳松动，一旦掉板，螺杆裸露在行车道上，容易产生爆胎隐患。

此次采用的预埋装配式安装伸缩缝技术，标准名称为"超高性能单元装配式同步变位梳形板桥梁伸缩装置"，被业内专家称为"桥梁伸缩缝技术工艺重大创新性突破"。正是基于标准化设计、工厂化生产、装配化施工的前提，运用同步变位的原理，采取预埋装配施工的方式，使用新技术、新工艺、新材料实现产品的安全、环保、高效的技术优势，并经不断优化迭代，成为具有创新性和先进性的资源节约型、环境友好型技术产品。

这项突破性技术也源自武汉，其发明人是在中国伸缩缝研制领域有着"伸缩缝创新导师"之称的武汉耐久伸缩工程有限公司总经理兼总工程师刘祖江。

采用预埋装配式安装的"超高性能单元装配式同步变位梳形板桥梁伸缩装置",将传统的"后嵌法"施工分为两个步骤(前期预埋装配和后期面板安装)进行,两步骤与桥面工程各施工交叉进行,有效衔接,节约了工期,提高了质量,降低了资源消耗和环境影响,是一种安全、耐久、节能、环保的桥梁伸缩缝技术工艺重大创新性突破。

"超高性能单元装配式同步变位梳形板桥梁伸缩装置"施工装配过程如下:

(1) 修整并清理梁端预留槽口,检查桥台预埋钢筋

查看现场伸缩缝槽口情况,校正桥台不规则预埋筋,认真检查预埋钢筋,特别注意预埋筋不得出现裂缝、松动现象,有上述现象应及时按焊接要求进行补焊、整理。槽口预留宽度和深度要符合设计要求,不符合设计要求的要加以整改。

(2) 安装预埋组件

根据伸缩缝型号尺寸要求,设计专用工装精确定位标高、坡度,安装焊接伸缩装置的预埋组件与桥台预埋筋固连,螺栓套筒内侧有φ16mm的通直筋与之进行焊接,确保牢固,安装预埋组件时可按设计要求修饰梁端缝隙宽度,严格控制预埋组件中任意相邻螺母距离误差±2mm。

(3) 安装模板,浇筑混凝土

已安装完成的伸缩装置预埋组件,左右预埋组件均用木板立模,模板用铁丝捆绑在预埋组件上,确保不漏浆,伸缩间隙不能有支撑,用螺母密封预埋组件的螺母套筒来保证模板不变形;在模板内浇筑混凝土,标高、坡度与预埋系统组件中的螺母套筒组顶面标高、坡度一致,并进行养护,如图8-9所示。

图 8-9 安装模板

(4) 安装防水橡胶条

防水橡胶条镶嵌在C型钢内,橡胶条长度按每道缝长度剪切。

（5）安装工艺盖板

工装盖板用螺栓拧紧，防止垃圾泄漏到桥台，保证桥下行车及行人安全，如图8-10所示。

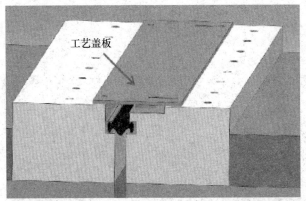

图8-10 安装工艺盖板

（6）沥青摊铺、画线、切割

工艺盖板完成后，桥面开放通行工程车辆。待桥面沥青摊铺结束后，进行画线、切割，准备伸缩缝面板安装。

（7）拆除盖板，清除缝内垃圾，安装丝杆（图8-11）

切除工装盖板和结构宽度处的沥青，清理干净槽口，丝杆安装在螺母套筒内，便于面板与预埋组件定位。

（8）标高调节层施工

使用UHPC80超高性能混凝土对桥梁伸缩装置内部结构进行有效装甲补强，调制标高调节层，用以调节伸缩面板与桥面衔接的平整度。

（9）安装防尘不锈钢板、安装同步半轴橡胶支座。

（10）安装盖板，取出丝杆。

（11）安装螺杆并加压（图8-12）

螺杆与预埋组件的螺母套筒相对应安装，并加压完成。

（12）养护完成后开放交通（图8-13）

"超高性能单元装配式同步变位梳形板桥梁伸缩装置"施工工艺与桥面工程各施工

交叉进行，有效衔接，节约了工期，提高了质量，降低了资源消耗和环境影响，是一种安全、耐久、节能、环保的桥梁伸缩缝技术工艺重大创新性突破。

图 8-11　安装丝杆

图 8-12　安装螺杆

图 8-13　养护完成后开放交通

9 文献导读及专利介绍

9.1 文献导读

1.《三维嵌挤装配混凝土预制块在道路工程的应用》作者：郭高，战宏宇

主要简介：装配式路面基层是将水泥混凝土预制基块，按三维嵌挤组合方式的路基现场施工装配，然后在基块接缝内填充灌浆料构成的道路基层结构。该项目由长春市市政工程设计研究院独立完成，2010年开始经过对结构、工艺、材料的研究及试验，已获得发明专利27项，并编制省级技术规程、工法和图集。2013年以来，在长春、吉林、沈阳开展工程应用与技术展示，已铺装道路46条，总铺装面积达28万平方米，单项工程最大铺装面积4.4万平方米；并授权7家混凝土制品企业生产路基预制块。该技术的工程应用，不但可满足城市道路建设对工期和寿命需要，也给混凝土制品、机械铺装化工企业的技术升级带来新的发展机遇。

2.《拼装式混凝土路基块首次在砌块成型机上实现干法成型生产》作者：杜建东

主要简介：2017年6月下旬，在沈阳玛莎新型建筑材料有限公司的混凝土砌块（砖）生产线上，采用干硬性混凝土成型、即时脱膜的混凝土路基块试产成功，并立即转入工业化批量生产。这种拼装式混凝土路基块，2014年由长春市市政设计院研发成功，每块约1m²、厚约30cm，四周侧面均呈斜面、有凹槽；在道路施工现场替代"二灰碎石"层，采用嵌挤方式装配、吊装施工。该项技术的优点主要包括：施工速度快，将原"二灰石"层施工所需的28d缩短到了1周，这在东北地区非常关键。

3.《再生建筑材料回填施工技术及应用研究》作者：潘玉珀，董效杰，刘琼，肖建庄，杨彬

主要简介：随着社会经济的不断发展，再生建筑材料由于其绿色环保的性能，越来越多地应用到建筑工程领域。明挖基坑的回填质量问题一直是现场施工管理的难点，特别是当前大力进行环境治理的形势下，回填材料的选择面更加狭隘，以济南西部会展中心工程基坑回填为例，探讨建筑废弃物再生材料作为回填材料的施工技术。根据施工效果，将建筑固废再生建筑材料用于基坑的回填具有消纳量大、回填效果佳等优势，具有推广意义。

4.《永久性解决大块型湿法压制混凝土面板生产中的养护变形问题》（原文刊于《国际混凝土工厂》2017年第三期 崔玉忠译）

主要简介：位于荷兰海尔德兰省德吕滕市 Excluton 公司，是荷兰园林景观用混凝土产品的最大制造商。为满足市场需求，该公司一共有 8 条不同规模和生产工艺的混凝土路面板（砖、砌块）产品生产线在运行。其中有一个车间是 2012 年安装的转盘式压机湿法压制混凝土面板生产线，专门生产 Excluton's Mondo-X 大规格路面板和墙面装饰板，并在生产线"干端"区域配套有一条在线装饰深加工线。该车间最大可生产幅面 100cm×100cm 的板材、质量非常高，但在生产线试运行初期，却存在压制板坯在养护过程中出现变形问题。为解决这个问题进行了多方面的尝试，最终采用 CureTec 的混凝土养护系统进行了补救。

5.《建筑垃圾在城市道路工程中的全面应用》作者：吴英彪，石津金，刘金艳，赵雯

主要简介：建筑垃圾是一种具有资源化属性的固体废弃物，采用一定的技术和工艺进行处理后，将其加工为再生路用材料是一种有效的资源化利用途径。沧州市政以不同成分的建筑垃圾为研究对象，经过潜心研究和工程实践，研发出水泥稳定渣土、再生骨料无机混合料、再生沥青混合料等多种再生路用材料，并将这些再生路用材料集成应用于城市道路工程的各结构层中，提出了典型的全厚式再生型路面结构，形成可持续发展的再生型绿色道路。

6.《建筑垃圾复合粉体材料在公路半刚性基层材料中的应用研究》作者：王程

主要简介：半刚性基层材料仍将作为一种主导性基层应用于我国高速公路和一般公路路面结构。依托西咸北环线高速公路工程，首次系统性地提出了将废旧黏土砖磨细并与其他工业废渣复合配制成建筑垃圾复合粉体材料，并开展"建筑垃圾复合粉体材料在半刚性基层材料中的应用研究"，试验结果表明，掺建筑垃圾复合粉体材料的水泥稳定碎石主要力学性能满足道路工程对基层承载力的要求，同时建筑垃圾复合粉体材料的掺入可改善水泥稳定碎石材料的收缩性能及抗冻性能。因此，用建筑垃圾复合粉体材料替代部分水泥用于水泥稳定碎石基层材料中是技术可行的。由此可见，研究成果对于提升水泥稳定碎石材料的耐久性能，充分利用建筑垃圾废料，缓解由于建筑垃圾堆积对环境造成的破坏，具有积极的意义。

7.《地聚合物注浆加固技术在市政道路基层维修中的应用研究》作者：魏国晏

主要简介：随着我国城市化建设发展速度不断加快，汽车保有量有了大幅度提升。人们对于交通道路的使用需求也不断增加。但是很多道路在受到破坏后进行再修复的过程会给城市交通带来更加严重的拥堵。所以如何加快道路修复工作是我们需要深入研究的内容。地聚合物注浆加固技术是一种可以不用"开挖"就可以对道路进行修复的技术，本文将对该项技术进行细致的探讨，为道路修复工作提供参考。

8.《透水混凝土及其在海绵城市工程中应用的若干技术问题》作者：石云兴

主要简介：1. 透水混凝土及其铺装的几个技术问题：（1）透水混凝土铺装常见质量问题；（2）透水混凝土工作性评价问题；（3）透水混凝土铺装现场取样的评价方法

问题；(4)承载透水混凝土路面设计问题。2.透水性铺装在工程中的应用几个技术问题：(1)我国地表水的水质特点；(2)透水性铺装(含植生混凝土、人工湿地系统等)对地表水净化的原理及其效果；(3)透水性铺装与地表水自然净化的工程设计构思与实例。

9.《日本建筑垃圾再资源化相关法规介绍》作者：李俊、牟桂芝(大连东泰产业废弃物处理有限公司)，大野木升司(日中环境协力支援中心有限公司)

主要简介：介绍了日本建筑垃圾的分类方法和种类以及与建筑垃圾再资源化有关的法律法规。

10.《德国建筑垃圾资源化回收利用研究》作者：罗家强

主要简介：本文从法律法规、工艺技术、质量管理、再生利用等角度详细阐述了德国建筑垃圾资源化产业现状，旨在为健全法律、技术、管理模式的制定提供参考。

9.2 专利介绍

1.名称：一种利用精炼炉白渣稳定化处理公路水稳层的工艺　发明人：沈金生，黄勇，蒯海东、杨征勋，马莲霞，栗正东，俞海明，吴汉元，陈伟

专利介绍：本发明公开了一种利用精炼炉白渣稳定化处理公路水稳层的工艺，其操作步骤如下：(1)将炼钢的精炼炉白渣进行分选，其中粉末状粒度在150目的部分，直接收集后拉运到公路施工点待用；(2)块状的精炼炉白渣使用球磨机，磨细到粒度为150目，拉运到公路施工点待用；(3)将电炉钢渣破碎到粒度3cm以下，拉运到公路施工点待用；(4)按照精炼炉白渣质量百分比为12％的比例，与质量百分比为88％的电炉钢渣进行混合，电炉钢渣中间缺少级配的采用砂石料补足，然后按照公路的施工工艺方法铺筑水稳层即可。

本发明的创新点基于以下的三点：

(1)精炼炉白渣粉末的粒度通常在200目左右，具有水化反应活性，不需要做其他的加工处理，就能够直接利用。

(2)精炼炉白渣没有粉化的部分，磨细到200目，也具有了水化反应的活性。

(3)电炉钢渣的多孔性，其孔洞直径为80～300目，精炼炉白渣粉水化反应以后，能够大部分进入电炉钢渣的孔洞，形成稳定的胶凝体材料，并且没有被水化反应物填充的孔洞，能够缓冲钢渣中间游离氧化钙后期膨胀作用对于水稳层的膨胀作用。

本发明方法(1)选用精炼炉白渣的粉末部分，可以直接作为道路水泥原料利用，节约了处理的工序成本。(2)通过球磨机，将精炼炉白渣块磨细到目，然后将其作为道路水泥使用。(3)传统电炉钢渣的利用一直没有经济的工艺方法，电炉钢渣作为砂石料使用，利用了其多孔性和硬度高、耐磨相多的特点，避免了电炉渣中间重金属含量多、耐磨相多带来的处理成本的增加。

本发明方法直接利用精炼渣渣粉作为道路水泥使用，减少了白渣处理的工艺环节。电炉钢渣用于公路水稳层，不仅解决了电炉钢渣规模化应用的难题，并且能提高公路水稳层 CBR 值，兼备较好的透水性和抗冻、解冻性能，能够提高修路公路质量的效果，环保效益和社会效益突出。

2. 名称：含建筑垃圾的无机结合稳定混合料作路基垫层及其制备方法　发明人：余志超，汪凌锋

专利介绍：本发明涉及一种含建筑垃圾的无机结合稳定混合料作路基垫层及其制备方法，属于建筑垃圾再利用技术领域。本发明包括有以下组分：消解后、有效氧化钙和氧化镁的总含量≥75%的石灰，活性系数为95%的S95级别以上的矿粉，由建筑垃圾经破碎、分拣、整形、清洗、干燥得到的粒径为5～31.5mm的建筑垃圾粗料，由建筑垃圾经破碎、分拣、整形、清洗、干燥得到的粒径为0～5mm的建筑垃圾细料；所述组分配比如下：石灰8～12份，矿粉18～22份，建筑垃圾粗料38～42份，建筑垃圾细料28～32份，以上均为质量份数。生产成本低，将建筑垃圾利用于石灰矿粉无机结合稳定混合料，具备良好的抗压强度、水稳定性及收缩变形性能。

3. 名称：一种装配式缝隙透水路面　发明人：段云锋，杨英健

专利介绍：本发明公开了一种装配式缝隙透水路面，属于道路建设领域。本发明的一种装配式缝隙透水路面，由下到上依次包括素土层、透水基层、透水隔离过滤层、找平层和透水道路面层，所述的素土层上设有排水结构，所述的透水基层由互锁式基层砌块装配而成；所述的透水道路面层由互锁缝隙式透水砖拼装而成。本发明的一种装配式缝隙透水路面施工便捷，施工周期短，且利于循环利用，透水路面铺设的成本低，并且该透水路面透水效果好，结构强度高，同时该透水路面排水效果好，能够缓解城市排水系统的压力。

4. 名称：一种适用于装配式路基的海绵城市透水铺装路面　发明人：黄宝涛，朱汉华，蒋娅娜，李辉，周明妮，李家春，隋海蕾，王英朴，宋微微，蒋冬蕾，刘厚元

专利介绍：本实用新型涉及公路与城市道路的建设技术领域，尤其涉及一种适用于装配式路基的海绵城市透水铺装路面。该路面自上而下依次包括面层、找平层、基层、路基层和土基层，面层由高强度密实砖组成；找平层和基层均由碎石结构层组成；路基层由预制装配式路基组成。本专利适用于装配式路基的海绵城市透水铺装路面在保证水分可以快速渗透、减少积水、保护环境的同时，不仅解决了现有技术中海绵铺装路面易堵塞、易损坏、耐久性能差的问题，而且达到较高的路面使用性能，可以适用于轻、中、重型交通荷载。同时不仅实现资源的可循环利用，还可通过抽气口加压调整固化封装预制块的密实度，提高了路基整体强度和承载能力。

5. 名称：一种水泥稳定建筑垃圾再生混合料及其制备方法　发明人：张名成，徐希娟，祁峰，韩瑞民，周新锋，丁楚志

专利介绍：本发明公开了一种水泥稳定建筑垃圾再生混合料及其制备方法，该水

泥稳定建筑垃圾再生混合料，包括以下原料：水泥、水和建筑垃圾再生骨料；所述建筑垃圾再生骨料包含规格为19.0～31.5mm的再生骨料、9.5～19.0mm的再生骨料、4.75～9.5mm的再生骨料和0～4.75mm的再生骨料。采用砖混类建筑垃圾再生骨料全部替代石灰石等天然碎石材料，所得水泥稳定建筑垃圾再生混合料的强度高、稳定性好、抗裂性好，其制备方法简单，生产成本低，低碳环保。

6. 名称：一种再生型路面结构及其筑路工艺　　发明人：吴英彪，石津金，刘金艳，王秀稳，张瑜，董继业，孟令宇，李洪胜，赵雯，曹军想，代广越

专利介绍：本发明公开了一种再生型路面结构及其筑路工艺，涉及道路工程技术领域，包括路床、基层、面层。基层包括由下至上排列的水泥稳定渣土底基层、水泥稳定再生骨料基层和泡沫沥青冷再生混合料柔性基层，面层包括温拌再生沥青混合料下面层和温拌橡胶沥青混合料上面层。本发明能够规模化和高值化，即能够使建筑垃圾的再生利用率达95%以上，再生骨料利用比例可达100%，再生材料在整体路面结构中占比达到70%～80%，综合再生利用建筑垃圾等固废的同时符合相关规范的要求，既节能减排，保护环境，又可减少新石料的开采和消耗，节约建设资金，同时再生骨料无须降级利用，适用于雨期施工且可缩短工期。

7. 名称：一种固硫灰和高钛矿渣复合稳定路面基层材料　　发明人：李军，卢忠远，牛云辉，彭洪

专利介绍：本发明公开了一种固硫灰和高钛矿渣复合稳定路面基层材料，其特征是：主要由质量百分比为30%～90%的固硫灰与10%～70%的高钛矿渣混合组成。将固硫灰、高钛矿渣与水进行搅拌混合、成型并养护，即制得固硫灰和高钛矿渣复合稳定路面基层。本发明提供的复合稳定路面基层材料全部利用目前难以处置且排放量较高的工业废渣固硫灰和高钛矿渣，不掺加石灰和粉煤灰，性能优于传统石灰-粉煤灰二灰稳定路面基层材料；本发明提供的复合稳定路面基层材料成本低、无须消耗天然资源，制备方法简单易行，特别适于传统道路工程材料较为匮乏的地域使用，有显著的经济效益和广阔的市场前景，实用性强。

8. 名称：一种透水路面板快速铺设装置　　发明人：徐栋，毛前，钱钟海，金世伟，汤晨阳，汪中直，陈斌

专利介绍：本发明的目的是解决现有的对透水路面板铺设效率低的难题，公开了一种透水路面板快速铺设装置，包括投放箱、握杆、防滑套、端盖、挡板、滑动架、推板、推块、转盘、电动机、安装架、导向箱、螺旋弹簧、导槽、套管、支撑杆、滚轮装置、紧固螺钉、滑板、加强筋、通槽和空腔。本发明通过电动机的设置，进而可以实现使滑板对透水路面板进行推动，通过导向箱的导向，便于完成对透水路面板的铺设，可以在投放箱内放置多块透水路面板，在进行运输的同时完成铺设的操作，从而更加高效，符合需求，值得推广使用。

9. 名称：一种利用工业固废制备的地质聚合物及其制备方法和使用方法　　发明人：

任文强

专利介绍：本发明涉及地质聚合物制备领域，尤其涉及一种利用工业固废制备的地质聚合物及其制备方法和使用方法。该地质聚合物由以下质量份的组分制备而成：100～200份改性原材料，10～20份碳酸钠激发剂，6～8份固化剂，其中，所述改性原材料由工业煤灰、工业矿渣、高岭土、陶泥、氯化钙按质量比100～120：80～100：100～150：60～80：20～30混合后改性制备而成。通过在制备过程中对原材料进行改性处理，增强了材料相容性，有效提高了地质聚合物的力学性能，其常温抗拉伸强度为40～55MPa，高温抗拉伸强度为20～45MPa；且改性后制得的地质聚合物与静态水的接触角为115°～130°，疏水性得到了提高，进一步增强了地质聚合物的抗渗性能；从而扩大了地质聚合物的适用范围，延长了地质聚合物的使用年限。

10. 名称：通过将渣土与石灰石粉复合制备的道路铺筑材料及其方法　　发明人：韩先福，贺伟力，李建勇，吴晟，杨欣。

专利介绍：公开了通过将渣土与石灰石粉复合制备的道路铺筑材料及其方法，基于该道路铺筑材料的总质量计，所述道路铺筑材料包含1%～10%质量由废陶瓷制得的具有活性的微粉、40%～70%质量的渣土、15%～30%质量的石灰石粉和0.02%～0.06%质量的激发剂。本发明的道路铺筑材料在满足道路指标要求的同时，使渣土和石灰石粉均得到充分利用。

11. 名称：一种钢渣全组分梯级利用方法　　发明人：吴少鹏，谢君，肖月，庞凌，陈美祝，陈宗武

专利介绍：本发明提供一种钢渣全组分梯级利用方法，该方法包括如下步骤：对钢渣进行清洗，若钢渣含泥量大于1%则严禁进行钢渣的梯级利用，若钢渣含泥量小于等于1%，则进入下一个步骤；对钢渣进行筛分，若钢渣粒径大于4.75mm则应用于混凝土，若钢渣粒径小于等于4.75mm则应用于水泥生产原料；对上述应用于水泥生产原料的钢渣中的铁元素含量进行检测，若钢渣中铁元素的含量大于35%，则将钢渣用作水泥生料的铁质校正原料；若钢渣中铁元素的含量小于等于35%，则用作水泥熟料中的混合材。本发明将钢渣按照不同粒度、不同组成梯级利用，具有操作简单、指导性强的优点，实现了钢渣全组分回收，将钢渣利用价值最大化。

12. 名称：一种公路养护用钢渣骨料同步碎石封层材料及施工方法　　发明人：丁卫青，谢君，田孝武，贾晓娟，邓骞，袁斯佳，蔡悟阳

专利介绍：一种公路养护用钢渣骨料同步碎石封层材料及施工方法，所述钢渣骨料同步碎石封层材料按钢钢渣骨料85%～95%，沥青5%～15%，填料0%～10%的用量制成，其中填料由以质量份计的10～90的石灰石矿粉和10～90的半干法烟气脱硫灰组成。本发明的钢渣骨料同步碎石封层材料具有良好的防水性、抗滑性和耐磨性。本发明为钢渣和脱硫灰的资源化利用提供了一个有效途径，同时还降低了公路建设的成本，具有良好的经济环境效益。

参考文献

[1] 王天航. 建筑垃圾在道路工程中的应用研究[D]. 天津：河北工业大学，2015.

[2] 文华，李晓静. 建筑垃圾在道路工程领域的研究现状及发展趋势[J]. 施工技术，2015，44（16）：81-84.

[3] 吴英彪，石津金，张秀丽，等. 建筑垃圾再生集料在道路工程中的应用[J]. 建设科技，2014（01）：45-48+51.

[4] 赵纪飞. 建筑垃圾再生材料作为路基填料的适用性研究[D]. 西安：长安大学，2017.

[5] 赵海英，薛俭. 我国在建筑垃圾资源化中存在的问题及对策研究[J]. 施工技术，2010，39（S2）：472-473.

[6] 左富云. 建筑垃圾在透水砖及城市道路上的应用[D]. 昆明：昆明理工大学，2008.

[7] 齐善忠，胡海彦，付春梅. 市政道路路基填筑建筑渣土现场试验研究[J]. 路基工程，2014，7（2）：24-28.

[8] 徐宝龙. 建筑垃圾土性能及其作为路基填料的施工[J]. 中国市政工程，2011（2）：67-69.

[9] 樊兴华，唐娴. 建筑垃圾筑路高速公路路基施工技术[J]. 工业建筑，2014，44（4）：111-114.

[10] 陈朝金. 水泥稳定再生废砖块集料性能研究[D]. 西安：长安大学，2012.

[11] 焦建伟. 再生集料混凝土在道路工程中的试验研究[D]. 南京：南京理工大学，2013.

[12] 刘志华. 再生混凝土粗骨料在道路中的运用研究[D]. 广州：广东工业大学，2014.

[13] 石义海. 废弃混凝土再生集料道路基层试验研究[D]. 合肥：合肥工业大学，2007.

[14] 赵永柱. 建筑固体废弃物再生集料在道路基层中的应用[J]. 施工技术，2013，42（23）：53-55.

[15] 孙丽蕊，岳昌盛，孟立滨，等. 建筑垃圾再生无机混合料在道路工程中的应用[J]. 中国资源综合利用，2013，31（2）：32-34.

[16] 肖开涛. 再生混凝土的性能及其改性研究[D]. 武汉：武汉理工大学，2004.

[17] Khaled S，Raymond J K. Fatigue behavior of fiber-reinforced recycled aggregate basecourse[J]. Journal of Materials in Civil Engineering，1999（5）：124-130.

[18] Sobhan，K Krizek，R Resilient. Properties and fatigue damage in a stabilized recycled aggregate base course material[C]//The81st TRB Annual Meeting，2002.

[19] T Park. Application of construction and building debris as base and subbase materials in rigid pavement[J]. Journal of Transportation Engineering，2003，129（5）：558-563.

[20] Chi Sun Poon，Dixon Chan. Feasible use of recycled concrete aggregates and crushed clay brick as unbound road sub-base[J]. Construction and Building Materials，2006（20）：578-585.

[21] 权宗刚. 建筑废弃物资源化全产业链标准体系研究[J]. 砖瓦，2018（11）：33-36.

[22] 郝鹬波，张波，齐艳丽. 浅析建筑垃圾预处理技术的发展及影响[J]. 中国环保产业，2018

(07): 63-66.
[23] 蒲云辉, 唐嘉陵. 日本建筑垃圾资源化对我国的启示 [J]. 施工技术, 2012, 41 (21): 43-45.
[24] 高景莉. 中德建筑垃圾资源化利用政策比较研究 [D]. 西安: 长安大学, 2018.
[25] 江媛云, 余建杰, 周小娟, 等. 建筑垃圾处理及再生骨料利用现状分析 [J]. 水利规划与设计, 2019 (04): 122-125.
[26] 中华人民共和国行业推荐性标准. 公路路面基层施工技术细则: JTG/T F20—2015 [S]. 北京: 人民交通出版社, 2015.
[27] 中华人民共和国国家推荐性标准. 混凝土用再生粗骨料: GB/T 25177—2010 [S]. 北京: 中国标准出版社, 2011.
[28] 中华人民共和国行业标准. 铁路工程土工试验规程: TB 10102—2010 [S]. 北京: 中国铁道出版社, 2010.
[29] 中华人民共和国行业标准. 高速铁路路基工程施工质量验收标准: TB 10751—2018 [S]. 北京: 中国铁道出版社, 2018.
[30] 李少康. 建筑垃圾在公路路基中的应用研究 [D]. 西安: 长安大学, 2014.
[31] 张威. 建筑垃圾路用再生填料的加工与施工工艺研究 [D]. 西安: 长安大学, 2014.
[32] I. B. Topçu. Physical and mechanical properties of concretes produced with wasteconcrete [J]. Cement and Concrete Research, 1997, 27 (12): 15-16.
[33] 中华人民共和国行业标准. 公路工程无机结合料稳定材料试验规程: JTG E51—2009 [S]. 北京: 人民交通出版社, 2009.
[34] 方涛, 文华, 刘颖, 等. 水泥稳定建筑垃圾骨料配合比研究 [J]. 混凝土与水泥制品, 2018 (08): 89-92.
[35] 陈朝金. 水泥稳定再生废砖块集料性能研究 [D]. 西安: 长安大学, 2012.
[36] 中华人民共和国行业标准. 道路用建筑垃圾再生骨料无机混合料: JC/T 2281—2014 [S]. 北京: 中国建材工业出版社, 2015.
[37] 贾明, 和城利. 探究二灰稳定碎石在市政道路底基层中的运用 [J]. 四川水泥, 2017 (06): 53.
[38] 朱瑞清. 二灰稳定碎石基层施工质量控制要点分析 [J]. 低碳世界, 2016 (22): 223-224.
[39] 白于洁. 石灰粉煤灰稳定碎石基层施工要点探究 [J]. 建材与装饰, 2017 (02): 260-261.
[40] 张清峰, 王东权, 姜晨光, 等. 建筑渣土作为城市道路填料的路用性能研究 [J]. 公路, 2006 (11): 157-160.
[41] 鲁飞. 建筑渣土作为路基填料的应用研究 [J]. 路基工程, 2005, 23 (3): 50~54.
[42] 中华人民共和国行业标准. 公路沥青路面施工技术规范: JTG F40—2004 [S]. 北京: 人民交通出版社, 2004.
[43] 彭亮. 再生骨料在水泥稳定碎石基层中的路用性能研究 [D]. 重庆: 重庆交通大学, 2017.
[44] 白洪岭, 张健, 赵幼林, 等. 旧水泥混凝土路面碎石化技术应用研究 [J]. 公路交通科技: 应用技术版, 2006 (5): 80-83.
[45] 高博淳. 水泥稳定类基层强度形成原理 [J]. 黑龙江交通科技, 2011 (8): 32-32.
[46] 朱霞. 水泥稳定再生骨料基层混合料路用性能及其环境评价体系研究 [D]. 长沙: 中南大学, 2012.

[47] 薛鹏涛. 骨架密实型水泥稳定碎石配合比设计及抗裂性能研究 [J]. 公路交通技术，2007（6）：20-23.

[48] 徐文娟. 水泥钢渣土用于公路底基层的试验研究 [D]. 南京：南京林业大学，2007.

[49] 肖常青. 水泥稳定钢渣基层施工技术及其应用研究 [J]. 中外公路，2004，24（2）：34-35.

[50] 罗洪伟. 电石渣稳定土路面基层应用技术研究 [J]. 辽宁交通科技．2002（2）：67-68.

[51] 马健生，孙大伟，余地，等. 装配式道路基层结构填缝材料配比设计及性能分析 [J]. 公路，2017，62（10）：17-21.

[52] 赵树志，潘枫，郭高. 预制装配式基层结构与二灰碎石基层结构全寿命周期造价分析与预测 [J]. 市政技术，2017，35（05）：32-35＋40.

[53] 由平均，张旭，郭高，等. 预制混凝土大型砌块在市政道路基础层上的应用 [J]. 建筑砌块与砌块建筑，2015（04）：29-31.

[54] 王景鹏，王源琳，黄百花，等. 嵌挤式道路砌块结构受力分析 [J]. 市政技术，2015，33（06）：21-23.

[55] 刘双. 透水混凝土在海绵城市建设中的工程应用 [J]. 混凝土世界，2019（01）：87-90.

[56] 吴金花，韩超. 透水混凝土在海绵城市建设中的应用和应注意的问题 [J]. 建材发展导向，2017，15（20）：40-42.

[57] 吴克雄，钱立兵，覃吉云，等. 海绵城市用透水混凝土的研制与工程应用 [J]. 新型建筑材料，2018，45（11）：119-122.

[58] 吴少鹏. 钢渣尾渣全组分阶梯利用的理论与实践 [A]，2017年唐山钢铁冶金固废会议 [C]；2017.

[59] 沈卫国，周明凯，吴少鹏. 胶凝材料的过去现在和将来 [J]. 房材与应用，2004（1）：11-14.

[60] 徐彬，蒲心诚. 古代混凝土的卓越耐久性与碱矿渣水泥的发展前景 [J]. 房材与应用，1997（4）：23-25.

[61] 蒲心诚. 碱矿渣水泥与混凝土 [M]. 北京：科学出版社，2010.

[62] 冯乃谦. 新实用混凝土大全 [M]. 北京：科学出版社，2005.

[63] J. Davidovits. Geopolymeric Reactions in Archaeological Cements and in Modern Blended Cements [A]. In: Joseph Davidovits and Joseph Orlinskl. Geopolymer'88 [C], Compiegne, France：1988：93-106.

[64] 崔玉忠. 永久性解决大块型湿法压制混凝土面板生产中的养护变形问题 [J]. 建筑砌块与砌块建筑，2018（01）：21-22＋20.